U0356050

huahu

anderson

中华人民共和国成立 70 周年建筑装饰行业献礼

华惠安信装饰精品

中国建筑装饰协会　组织编写

天津华惠安信装饰工程有限公司　编著

中国建筑工业出版社

中华人民共和国成立70周年建筑装饰行业献礼
中國
200

huahui anderson

editorial board

丛书编委会

本书编委会

总指导　刘晓一

总审稿　王本明

主　编　刘凯声

副主编　郑家鹏　刘　畅　孟　晨　李增玺　陈红涛　高仲杰　阎美怡　张　波　郁秋梅

编委成员　支　博　朱铁城　李向阳　张　辉　刘　灏　田成国　崔建昌　孙佳旺　张　鹏　吕　征　李文诚　许再琳

foreword

序一

中国建筑装饰协会名誉会长
马挺贵

伴随着改革开放的步伐，中国建筑装饰行业这一具有政治、经济、文化意义的传统行业焕发了青春，得到了蓬勃发展。建筑装饰行业已成为年产值数万亿元、吸纳劳动力 1600 多万人，并持续实现较高增长速度、在社会经济发展中发挥基础性作用的支柱型行业，成为名副其实的“资源永续、业态常青”的行业。

中国建筑装饰行业的发展，不仅有着坚实的社会思想、经济实力及技术发展的基础，更有行业从业者队伍的奋勇拼搏、敢于创新、精益求精的社会责任担当。建筑装饰行业的发展，不仅彰显了我国经济发展的辉煌，也是中华人民共和国成立 70 周年，尤其是改革开放 40 多年发展的一笔宝贵的财富，值得认真总结、大力弘扬，以便更好地激励行业不断迈向新的高度，为建设富强、美丽的中国再立新功。

本套丛书是由中国建筑装饰协会和中国建筑工业出版社合作，共同组织编撰的一套展现中华人民共和国成立 70 周年来，中国建筑装饰行业取得辉煌成就的专业科技类书籍。本套丛书系统总结了行业内优秀企业的工程施工技艺，这在行业中是第一次，也是行业内一件非常有意义的大事，是行业深入贯彻落实习近平新时代中国特色社会主义理论和创新发展战略，提高服务意识和能力的具体行动。

本套丛书集中展现了中华人民共和国成立 70 周年，尤其是改革开放 40 多年来，中国建筑装饰行业领军大企业的发展历程，具体展现了优秀企业在管理理念升华、技术创新发展与完善方面取得的具体成果。本套丛书的出版是对优秀企业和企业家的褒奖，也是对行业技术创新与发展的有力推动，对建设中国特色社会主义现代化强国有着重要的现实意义。

感谢中国建筑装饰协会秘书处和中国建筑工业出版社以及参编企业相关同志的辛勤劳动，并祝中国建筑装饰行业健康、可持续发展。

序二

中国建筑装饰协会会长
刘晓一

为了庆祝中华人民共和国成立 70 周年，中国建筑装饰协会和中国建筑工业出版社合作，于 2017 年 4 月决定出版一套以行业内优秀企业为主体的、展现我国建筑装饰成果的丛书，并作为协会的一项重要工作任务，派出了专人负责筹划、组织，以推动此项工作顺利进行。在出版社的强力支持下，经过参编企业和协会秘书处一年多的共同努力，该套丛书目前已经开始陆续出版发行了。

建筑装饰行业是一个与国民经济各部门紧密联系、与人民福祉密切相关、高度展现国家发展成就的基础行业，在国民经济与社会发展中发挥着极为重要的作用。中华人民共和国成立 70 周年，尤其是改革开放 40 多年来，我国建筑装饰行业在全体从业者的共同努力下，紧跟国家发展步伐，全面顺应国家发展战略，取得了辉煌成就。本丛书就是一套反映建筑装饰企业发展在管理、科技方面取得具体成果的书籍，不仅是对以往成果的总结，更有推动行业今后发展的战略意义。

党的十八大之后，我国经济发展进入新常态。在创新、协调、绿色、开放、共享的新发展理念指导下，我国经济已经进入供给侧结构性改革的新发展阶段。中国特色社会主义建设进入新时期后，为建筑装饰行业发展提供了新的机遇和空间，企业也面临着新的挑战，必须进行新探索。其中动能转换、模式创新、互联网 +、国际产能合作等建筑装饰企业发展的新思路、新举措，将成为推动企业发展的新动力。

党的十九大提出“人民日益增长的美好生活需要和不平衡不充分的发展之间的矛盾”是当前我国社会主要矛盾，这对建筑装饰行业与企业发展提出新的要求。人民对环境质量要求的不断提升，互联网、物联网等网络信息技术的普及应用，建筑技术、建筑形态、建筑材料的发展，推动工程项目管理转型升级、提质增效、培育和弘扬工匠精神等，都是当前建筑装饰企业极为关心的重大课题。

本套丛书以业内优秀企业建设的具体工程项目为载体，直接或间接地展现对行业、企业、项目管理、技术创新发展等方面的思考心得、行动方案和经验收获，对在决胜全面建成小康社会，实现“两个一百年”奋斗目标中实现建筑装饰行业的健康、可持续发展，具有重要的学习与借鉴意义。

愿行业广大从业者能从本套丛书中汲取营养和能量，使本套丛书成为推动建筑装饰行业发展的助推器和润滑剂。

huahui anderson

走近 华惠安信

华惠安信，

精于心，立于信 > > >

◆在沉淀中历久弥淳

时光如白驹过隙，风雨四十年，沧海变桑田。中国的发展举世瞩目，改革开放意义深远。改革开放四十年来，国家从贫弱走向富强。经济始终保持中高速发展态势，人民生活水平显著提高，中国的变化日新月异。对外开放促进了经济的飞速发展，在经济互动的过程中，市场经济新模式，带来了新的发展理念和空间。

20 世纪 80 年代的天津建筑装饰行业，在改革开放的大潮中迎来了新的机遇与挑战，得到了迅猛的发展。天津华惠安信工程有限公司抢抓改革开放的历史机遇，在中国经济飞跃式发展的时代背景下，积极投入建设“美丽新天津”的战略实施中，承接了大批的标志性装饰施工项目及众多历史风貌建筑的修缮工程，改变了城市面貌，促进了发展，在带给人们便利与品质生活的同时，树立了华惠安信的荣誉品牌。

回首

悟以往之不谏，

知来者之可追 > > >

天津华惠安信装饰工程有限公司，始创于 1985 年，其前身是天津华惠装饰公司。华惠装饰是全国首批取得建筑装饰施工一级资质的企业，先后承揽了天津市政府办公楼、天津和平路整修、人大常委办公楼修缮、政协办公楼修缮、南市食品街改造、友谊宾馆、富兰特大酒店、沈阳交通饭店、五台山晋祠宾馆等众多当时的标志性装饰工程项目，得到了相关部门领导的一致好评。作为在改革开放的时代浪潮中率先发展起来的装饰企业，老华惠人为企业的品牌发展打下了坚实的基础。

奋进

雄关漫道真如铁，

而今迈步从头越 > > >

进入 21 世纪后，新时代带来了新机遇与新挑战。公司顺应时代要求，将华惠装饰公司进行重组改革。面对新的征程，天津华惠安信装饰工程有限公司整装出发，秉承企业的良好信誉和业界口碑，谋求企业的跨越式发展。随着中国装饰工程建设规模的不断扩大，华惠安信已具备建筑装饰装修工程专业承包一级、建筑幕墙工程专业承包一级、金属门窗工程专业承包一级、机电设备安装工程专业承包二级、钢结构工程专业承包二级、建筑智能化工程专业承包二级资质，同时还具备建筑装饰工程设计专项甲级、建筑幕墙工程设计专项甲级等资质，公司通过了 ISO 9001、ISO 14001、GB/T 28001 体系认证。在多年的施工中积累了丰富的经验，具有一支过硬的施工团队，先后出色地完成了天津滨海国际机场、天津大剧院、梅江会展中心、津湾广场、君隆威斯汀酒店、泰达 MSD、平潭金井湾商务营运中心、郑州新郑国际机场、北京大兴国际机场、鼓楼商业街、古文化街商贸区、天津地铁、天津西站、天津站等众多标志性建筑和全国重点装饰项目。

多年来公司取得了良好的业绩和社会影响力，综合实力居天津建筑装饰行业前列。自成立至今，华惠安信连续多年荣获中国建筑工程鲁班奖、全国建筑工程装饰奖、国家优质工程奖。每年都获得多项金奖海河杯、装饰海河杯，连续多年被评为守合同重信誉的全国装饰百强企业，并跻身全国装饰行业五十强、幕墙行业五十强行列。

建筑是历史文化的载体，是历史的见证，天津作为国家级历史文化名城，非常重视历史风貌建筑的保护。在历史风貌建筑的修缮与改造领域，华惠安信人有着对于历史风貌建筑保护的独特理解与领悟，华惠安信人继承了前辈在房屋修缮方面的精湛技艺，历练出一支技术过硬、充满社会责任感与激情的年轻团队。

华惠安信致力于让历史风貌建筑“活”起来，使其文化遗产价值惠及当今社会。在承接的润园、袁氏宅邸、溥仪故居（静园）、庆王府（重庆道 55 号）、利顺德大饭店等众多全国重点文物保护单位整修工程中，公司一直注重将传统工艺与现代技术相结合，遵循“保护优先，合理利用，修旧如故，安全适用”的原则，保护了文物本体和与之相关的历史价值。同时，深化了天津历史风貌建筑保护规划，科学合理的保护利用，让这些历史建筑重新焕发神采，成为“近代中国看天津”的人文地标、展示天津历史文化底蕴的靓丽名片。

从 2006 年开始，根据公司发展战略，逐步探索工厂化生产，现场施工装配化，成为天津较早具备配套部品制造能力的企业。华惠安信装饰部品制造基地，占地面积 35 亩（约 23333m^2），总建筑面积 2 万多平方米，重点探索科技工厂化发展，拥有专业的设计研发团队，注重新材料、新工艺、新技术的研发与应用，专注于建筑幕墙、节能门窗、装饰木制品、板式家具的设计、制造和安装服务，现已成为全国十佳装饰行业产业化实验基地之一，并于 2009 年在天津住宅集团的带领下，坚持走建筑工业化发展道路，成为全国住宅产业化基地，为公司的装饰产业化发展提供了配套生产能力，为住宅集团 i-epc 发展战略写下了浓墨重彩的一笔。

为了充分发挥工厂化生产的优势，公司有效利用自身资源，提供从设计、生产、销售到安装服务一体化的集成家居解决方案，并创立了自主橱柜高端品牌——“欧莱瑞绨”，以“三大系统”打造的“五大空间”让整体家居跟上全球智能化发展的步伐，凭借尖端科技、完美的设计与世界顶级厨电品牌——西门子达成战略合作关系，引领世界潮流最前端的厨房生活，运用实体展厅，结合“互联网 +”概念模式，为客户提供从设计、生产、销售到安装服务一体化的集成家居一站式服务体验。

随着社会的发展，物质文明水平的提高，人们对于工作和生活的审美品质也在不断地变化。建筑设计所要做的不仅仅是满足人们简单的需求，还要用心创造一种源于人文本源的空间艺术。华惠安信建筑装饰设计研究院聚集了高端创意产业人才，拥有众多优秀设计师，凭借在设计领域的专业能力，完美的团队协作，在室内设计、幕墙设计、软装配饰、智能家居、智能影音、灯光设计等不同专业领域，与美国 ACA、新加坡 TID 等多家国际知名设计团队交流与合作，利用 BIM 技术优势，提供系统化、精细化的空间整体设计解决方案及技术服务，让优秀的设计团队与产业化的生产相结合，使科技与创新完美呈现。

企业之根，人才为本，人才是企业发展的根本。随着市场化转型逐步深入，人才作为第一资源被提升为企业重要的战略。华惠安信始终秉承着“德艺双馨，善任善育”的人才理念，执行“以人为本”的方针，实施人才强企战略，注重青年人才的培养和历练，敢于给年轻人展示才华和能力的机会，做到“人尽其才，才尽其用，用当其时”。

展望

长风破浪会有时，

直挂云帆济沧海 > > >

“精于心，立于信”，华惠安信历经 30 多年的发展，公司业务领域已从 20 世纪 80 年代单一的房屋修缮逐步发展为涉及教育、卫生、轨道交通、工商业、金融、住宅等全领域，从公共建筑装修为主逐步扩大到建筑幕墙和住宅精装修等多种业务，形成了覆盖建筑装饰工程施工与设计、建筑幕墙工程施工与设计、高效节能窗制造与安装、装饰部品制造与安装、集成家居设计与销售和文物建筑与历史风貌建筑修缮与改造六大经营板块的装饰产业化企业。

为适应装饰市场发展形式的不断变化，华惠安信加大了建筑装饰细分市场的发展力度，积极拓展外埠市场，以环渤海地区为核心，逐步向全国范围发展。加大力度实施“走出去”战略，实现建筑业产业现代化的全面提升，推行装配化、信息化、标准化、绿色化、设计施工一体化，贯彻“立足本地、开拓外埠、发展联合”的经营理念，紧抓京津冀协同发展的契机，大力开拓外埠装饰市场，完成从地方性公司向全国性公司的转变，拉开华惠安信可持续性发展的序幕。

展望未来，华惠安信人将以住宅产业化为依托，发挥装饰产业化战略优势，坚持以客户目标为己任，以最高品质标准达成最完美的目标，努力拓展更大的发展空间，向着更高的目标继续勇敢前行！

contents

目录

10:35:57
huahui anderson

华惠安信 装饰精品

摩登红人®
MODERN LADY
摩登红人
上海國貨
雪花膏
护肤品·礼赠佳品
20元起
SHANGHAI

溥仪故居（静园）修缮工程

项目地点

天津市和平区鞍山道 70 号（原日租界宫岛街）

工程规模

占地 2603.33m^2，总建筑面积 3089.74m^2

建设单位

天津市历史风貌建筑整理有限责任公司

开竣工时间

2006 年 7 ～ 11 月

静园大门

工程特点

静园是一所东西方混合型庭院式住宅，总体布局为三环式院落，即前院、后院和西跨院。四周有高墙相围。前院是花园，花园迎面是 2 层（局部 3 层）主楼，砖木结构，上有阁楼，下设地下室，上下共有房屋 40 间。后院有一幢内廊式的 2 层小楼，共 16 间房。主楼西端外廊延伸出 17m（长）× 1.5m（宽）的游廊，分开前院和西跨院。西跨院 260m^2，有鱼形喷泉和藤萝架，一端有典型的日式花厅，厅前有假山。

静园建筑主体属于折中主义风格，带有日式和西班牙装饰特点，其中门的木结构和材料具有典型的日本

静园主楼及前庭院

建筑特征，然而它的缓坡屋顶、红色筒瓦、券形装饰细部，都明显带有西班牙中世纪建筑的特征。

静园原名“乾园”，系北洋军阀陆宗舆 1921 年建造的私人公馆，是天津市比较典型的民国初期建筑。1925 年 2 月溥仪携皇后婉容、淑妃文绣逃到天津，初居张园，1929 年 7 月移居“乾园”，并更名为“静园”，寓意“静以养吾浩然之气”，实则“静观待变”，伺机复辟。1931 年 11 月 10 日，在日本的策划下，溥仪离开静园潜往东北，第二年在长春做了伪满洲国的傀儡皇帝。日本投降后，国民党天津警备区司令陈长捷曾居于此，1949 年后曾为天津市总工会办公用房，后为居民住宅。1991 年经天津市人民政府批准为第二批文物保护单位。几经易主变迁的静园，至 21 世纪初已住有居民 40 余户，搭建违章建筑 500 余 m^2，成了名副其实的大杂院。

房屋破损及勘查情况

整修前的静园，空间状况拥挤，原有景观破坏严重。主楼东南角深度塌陷，东山墙角整体沉降，墙角和柁身开裂，基础局部松动，屋面漏雨，屋面瓦剥落，地板塌陷，门窗糟朽，台阶下沉。屋架损坏，墙面反碱防潮层被破坏。

外檐墙皮风化严重，大部分原色基本已辨认不出。附属用房破烂不堪，后二楼尽管用拉结筋拉住，但仍然向外倾斜，主楼更为严重。东山墙整体下沉，大部分墙体结构损坏有裂缝，屋架损坏严重，导致整体受力体系变化；墙砖松动反碱，地下室漏水……

主要功能空间修整

主楼

主楼内檐东房山墙局部支顶施工

根据主楼东南方向局部墙体下沉需做整体拆砌加固主体的要求，楼内东南角主柁及次柁需要全部支顶。

施工要点：首层地面必须夯实铺板；支撑柱必须垂直稳定；支顶必须保证整体背楔加固，固定牢固；柁间距应根据柁檩间距进行支顶，各层支点应错位支撑；主柁支撑为双柁、双排；支撑拐角处必须加拉杆做 90° 固定；拆除旧墙体时木工应随时跟踪检查，以保证各支撑点牢固稳定。

屋顶柁檩加固施工

全面检查屋架、檩条、土板，凡是有腐朽开裂的全部更换；主柁、屋架有裂缝处需做扁铁箍，夹板加固，裂缝内添胶。

女儿墙、烟囱和山墙与屋面相交处施工

在天沟、斜沟处抹麻刀混合灰，并深入瓦底不少于 100mm。在女儿墙、烟囱和山墙与屋面相交处的根部，抹麻刀混合灰嵌入挑砖下面的砖缝内，或卷抹上至少 150mm 的泛水、弯水等嵌入砖缝内，带红灰浆压实抹光抹平。不得使抹灰的槎子浮贴在墙上，以免上口张嘴漏水。天沟、斜沟用镀锌铅铁制作。

屋面卧瓦施工工艺——低背密垄施工工艺

分档定垄，弹线刻画标记。在草泥层上卧瓦时，从屋面一端或从中间向两边按弹线进行。按分档垄铺泥，依顺序拉线踏杆摆底瓦，一边摆瓦一边压实，注意保证瓦垄间距均匀、垄身平直。一般现场用断面 60mm × 100mm 的木长杆，底瓦搭接长度 80 ~ 90mm，露出的瓦白子锯刻出瓦形尺寸，瓦齿标准杆紧靠在底瓦垄上推顶压实。

主楼东侧支顶、砌墙

主楼原有文物保护措施

· 木作部分（楼梯、酒柜、壁柜、板条）

楼梯：扶手、栏杆使用木板钉盒进行保护，踏步使用双层地毯进行保护。

酒柜、壁柜：使用木板钉盒进行保护。

板条：按长短整理打捆，妥善保存。

主楼首层多功能厅 E 轴高窗：使用木板钉盒进行封闭保护。

保留木门口做口条保护。

· 石材部分（壁炉、门厅处石材装饰）

壁炉、门厅处石材装饰：使用木板钉盒进行封闭保护。

主楼门厅墙面瓷砖部分：使用木板钉盒进行封闭保护。

门厅地砖：做双层地毯保护。

保留的门窗口：钉木盒保护。

踢脚板：编号拆除后打捆，妥善保存。

· 特殊工艺部分

选材：以保护风貌建筑的安全为前提，不作任何结构变动，不改变文物原状，可采用传统与现代修补技术相结合的方式，以拯救文物、延年保护为目的。

工艺：材料、结构的特殊性决定施工工艺的特殊性。

前厅壁泉及水池

主楼前厅

原议事厅修复后实景

中厅修复后实景

修复后游廊北望

游廊

游廊修整施工工艺流程

查勘交底→墙面剔灰皮→墙面剔砖缝→墙面清洗→铁刷子打磨墙面→砖旋墙体加固→墙面洒水湿润→打点找平→抹头遍灰→拆除墙体廊顶→拆除木作→加工安放柁、檩、望板→铺塑料布保护层→找平支模板→绑扎钢筋→现浇混凝土→砌女儿墙→混凝土压顶→铺瓦→屋面找坡抹垫层→做防水层→墙面抹面层砂浆→浇水养护→安放雨水管→地面拆除→砌台阶→地面混凝土垫层→地面铺转→做砖缝→清理保护。

庭院

西跨院占地约 260m^2，被高达 6.5m 的围墙环绕，幽静异常，形成一个相对独立的世外桃源。跨院南端的墙下同样有一个壁泉和泉水池。壁泉前面小路的地面上，镶嵌着一个由 16 块缸砖和水泥磨边构成的异形图案，造型静雅而别致。当初壁泉边缘的缸砖，后来只剩下其中一块有一点点蓝色的痕迹了。为修旧如故，工作人员按图索骥，翻查资料找缸砖，又四处询访老住户，绘图、考证，最终巧妙地用石钉完善了精美的造型。喷泉口上兽头的形象生动活泼，让人耳目一新。西跨院还有藤萝架、日式花厅和假山。

“虽由人作，宛自天开”的中国园林，构筑了极尽山水之妙的环境情致。静园的西跨院形成了一个相对独立的世外桃源，沿袭清代“园中有园”的园林特点。主楼前庭院的整理中，采用石钉铺地，周围种植庭院植物，力求清雅素净。综合现代功能的需要在前院做了停车场，复原了园中微缩的瀑布山川——水池喷泉，使其成为庭院的中心景观。

西跨院及藤萝架喷泉

整修施工总结

修旧如故的原则

房屋整修方案的制定，严格遵照《天津市历史风貌建筑保护条例》中“修缮和装修历史风貌建筑应当符合有关技术规范、质量标准和保护原则”，做到“修旧如故，安全适用”。具体如下：

・静园主要建筑的修复遵循“不改变原状”的原则，修旧如故，对其进行抢救、保护、继承和发展。在开发改造过程中，必须根据相关的历史资料，确定该建筑的原貌，包括整体特征和细部装饰特征。在进行修缮的过程中不得改变建筑原有的立面造型、结构体系、平面布局及典型的内部装饰。

・建筑单体和整体环境的统一原则。静园建筑单体的修复必须与所在地段整体环境整治一起考虑。在建筑修旧如故的同时，院内的环境设计也要恢复当时的风格特点，尽最大可能体现其原貌。

· 典型个性与群体风貌统一原则。静园处于天津老租界内，周边是尺度宜人的马路和低层居住建筑与商业建筑。静园的修缮保护必须与群体风貌相统一。

· 保存维护和开发统一的原则。静园的利用必须以保护为基本点，以不破坏历史风貌建筑为前提，兼顾经济效益和社会效益。

修缮工程应考虑的问题

· 进场开工的前期勘查要细致入微。尤其是隐蔽工程的问题，在墙面、顶棚拆除之后，很多问题会暴露出来，例如墙体开裂、柁檩风裂及腐朽。解决的办法有墙体加钢筋板带，植筋、钢筋网抹灰、柁檩加夹板斜撑，绑铅丝加固打把锔子，碳纤维加固等。

· 在修缮加固的同时还要保持建筑物原有的建筑风格，对其特有的结构、样式进行保护修复，如门窗样式、木作、原有镶贴面板（地板、石材）等。

· 解决好传统工艺技术与现代科技的结合问题。首先必须符合《威尼斯宪章》修复章第 10 条、《中国文物古迹保护准则》第 22 条、《中华人民共和国文物保护法》第 22 条及《天津市历史风貌建筑保护条例》的有关规定。其次，现代科技虽有相对优势，但是却不能代替传统技术，应该做到两者之间的有机结合，各展所长，各有侧重。

· 建筑物新增配套设备的摆放位置及安装，像空调、弱电、卫生洁具、灯具等的平面布置，应提前进行规划设计，避免安装位置重叠，影响原风貌的设备尽量隐蔽铺设。

把握“修旧如故”的原则

在修缮的同时，把“修旧如故”的原则贯彻到底，不破坏原始风貌，对已破坏的进行修复，对一些重要部位进行特殊的恢复。如主楼过厅壁泉的陶瓷锦砖，外檐墙面抹灰（反复尝试），老墙剔碱旧砖，台阶坡道，新墙砖做旧。

提高管理人员自身专业水平

历史风貌建筑的修复是一项高度专业性的工作，它既要以科学的技术方法防止老建筑的损坏，延长其寿命，更要最大限度地保存其历史、艺术和科学价值。

庆王府历史风貌建筑修缮工程

项目地点

天津市和平区重庆道 55 号

工程规模

占地 4385m^2，总建筑面积 5921.56m^2

建设单位

天津市历史风貌建筑整理有限责任公司

开竣工时间

2010 年 7 月 ~ 2011 年 5 月

庆王府入口

工程概况

庆王府位于天津市和平区重庆道 55 号，为天津市历史风貌建筑，局部 3 层，平屋顶，带地下室。楼房及附属平房共 94 间，1922 年由清宫内监小德张营建。1926 年，清庆亲王载振购得此楼并居住，俗称“庆王府”。

该建筑为砖木结构 2 层内天井围合式建筑；外檐两层均设通敞柱廊，建筑形体简洁明快；室内设有共享大厅，大气开敞，适应当时的西化生活。水刷石墙面与中国传统琉璃栏杆交相辉映，门窗玻璃上比利时工艺雕琢的中国传统花鸟栩栩如生。这是一座典型的中西合璧建筑。

庆王府建筑平面为矩形，南北向。中间是中空到顶、面积 350m^2 的长方形大厅，大罩棚式厅顶。一、二层房间沿大厅周围环绕设置。东、西、南、北四面开间，均为“明三暗五”对称排列。一楼除大厅、客厅外，多为住房。二楼为附属房间。局部 3 层的八间房，是载振加盖上去的，专作祭祀和供奉先祖的影堂。二楼大厅四周设有列柱式回廊。从东、西、北三面穿堂过厅，厅堂相通，给人一种幻化的空间叠进的巧妙感觉。楼东是花园，建有传统的六角凉亭。楼北正中门厅为主入口，青冬石垒就的“宝塔式”高台阶，气象威严。大楼墙体由青砖砌筑。外檐以清水墙为主，部分墙面和列柱采用仿花岗石水刷石，大块分格。一、二楼的列柱式外回廊，采用中西合璧的柱式，黄绿紫三种色彩的六棱柱体琉璃栏杆。一楼大厅地面及内外回廊的地面，均为铜条镶嵌的水磨石。内外檐门窗多以高级硬木制作，带筒子板。窗上镶嵌着绘有山水花草的磨花彩色玻璃，过厅和客厅的木隔断上刻有精美的木雕。房间顶棚为鹤形、蝙蝠形等石膏雕饰。其余房间采用白色釉面砖铺地。中厅两边木隔断上是大面积木雕，赏心悦目。

设计特点

主楼

庆王府凝聚着近代百年风华暗涌的历史底蕴，也演绎了中西和鸣的建筑美学。庆王府主楼完整保留了 1922 年建成时的样貌，一踏入主楼，历史气息扑面而来。中式青砖砌筑的墙体，环绕四周的宽敞回廊配以中国传统琉璃柱，大门前宝塔式的 17 级半台阶，无一不彰显主人身份的尊贵。室内手工雕琢的门窗和木质地板均为精心打磨修复后的历史原件。中庭两盏葡萄吊灯，为 90 年前从德国进口得来，至今仍可完好使用。196 根六菱形琉璃柱，皆为小德张当年从北京运载至天津，黄绿蓝三种御用色更标榜了每根琉璃柱的皇家血统。楼内有鸟瞰五大道的大型露台，视野宽阔，可举行 80 人左右西式宴会。

红酒房

红酒房内以名品葡萄酒架饰墙，设有可容纳 24 人用餐的长桌和西式厨房。无论是二人浪漫小憩，还是多人商务会谈，抑或接待政要，红酒房奢华优雅的氛围都将是首选。开放式的厨房，可供观看厨师制作西餐的全过程。

花园

徜徉院落，一动一静，一张一弛，威严之中的自在令人恍若世外。石桥、太湖石、六角凉亭、水法，无不透出闲适之情。院中特有的黄金树，是产于北美的珍贵树种，呈星斗排布，数十载光阴浇灌至今已亭亭如盖。场地布局可根据客人需求调整，适合举办 200 人的户外宴会。

房屋破损及勘查情况

整修前的庆王府，原有景观严重破坏。主楼地下室墙体碱蚀严重、防潮层被破坏，基础局部松动，屋面漏水严重，地板塌陷，门窗糟朽，台阶下沉。外檐墙皮风化严重，大部分原色基本已辨认不出，附属用房破烂不堪，墙体开裂。

入口处大门

一楼前厅

主要功能空间修整

一层前厅

吊顶

吊顶为原石膏造型，环保乳胶漆；墙面材料为木雕、壁布、原实木护墙板；地面材料为原拼花实木地板。原石膏板吊顶多为人工现场雕刻制作，具有一定历史价值，施工工艺复杂，修复难度大。

吊顶修复工艺流程：石膏修补缺边、掉角→砂纸打磨→乳胶漆涂饰→验收。

吊顶与墙面饰面层

石膏修补缺边、掉角 根据现场原有石膏吊顶造型，遵循对称原则，按照图案的整体脉络进行修补。

砂纸打磨 采用 400 目细砂纸仔细打磨，力求图案边角清晰，表面平整，阴阳角顺直。

乳胶漆涂饰 提前用塑料薄膜做好墙地面的成品保护，采用空压机雾化涂料现场喷涂。

验收 检查修补饰面乳胶漆。本工程石膏板吊顶表面要求平整度不大于 3mm、接缝直线度不大于 3mm、接缝高低差不大于 1mm、无阴影、照度均匀，乳胶漆涂刷均匀，从各角度看无刷痕、无开裂、无变形现象，验收合格。

楼梯护栏及扶手

楼梯护栏及扶手为建筑原始配置，后经多次油漆，表面已为混油做法，且漆皮较厚，脱漆难度较大。

木饰面翻新工艺流程：刷脱漆剂→清理油皮→磨砂纸→刷底子油→批刮腻子→刷第一遍油漆→找补腻子、磨砂纸→刷第二遍油漆→验收。

刷脱漆剂 旧木材面刷油前，应根据勘查设计的结果（老油皮的附着力和老化程度），确定是否清除。如果附着力尚好，表面光平，难于铲掉，应用肥皂水或稀碱水刷洗，清水冲洗擦净，干后用砂纸打磨平整；如附着力不好，油皮老化、龟裂、有疙瘩和脱落时，必须彻底清除。

清理油皮 把脱漆剂刷在老油皮上，待油皮膨胀起皱时，用铲刀或挠子刮掉。油皮不干净时，可连续刷铲 2 ~ 3 遍，直至油皮全部脱掉。然后用清水洗刷干净。脱漆剂气味刺激性大、易燃，应注意通风、防火，并不准与其他溶剂混用。

磨砂纸 基层处理后，木材表面须用砂纸顺木纹打磨，先磨线角，后磨四口平面，各种线角都要打磨规整、平滑。

实木木雕

楼梯扶手

刷底子油 一般应刷清油。涂刷时，应先保护好小五金，再按先上后下、先左后右、先外后内的顺序，顺着木纹刷。

批刮腻子 底子油干透后批刮腻子，一般用石膏油性腻子。普通油漆只局部批刮腻子，将钉眼、裂缝、节疤、榫头和边棱残缺处刮补平整。

刷第一遍油漆 在原桶油中加适量稀释剂，其稠度以能盖底、不流淌和不显刷痕为宜。

找补腻子、磨砂纸 第一遍油漆干透后，用 1 号砂纸或相同标号的旧砂纸轻轻打磨至表面平整、光洁，要注意不能磨掉油漆膜而露出木质。

刷第二遍油漆 应用原桶油漆，刷法同第一遍。刷时应动作敏捷、多刷、多理，达到刷油饱满、不流坠、薄厚均匀和色泽一致。

验收 木饰面板材质、品种、规格、式样应符合设计要求和施工规范。人造板、胶黏剂必须有游离甲醛含量或游离甲醛释放量及苯含量检测报告。轻钢龙骨架必须安装牢固，无松动，位置正确。罩面板无脱层、翘曲、折裂、缺棱掉角等缺陷，整体质量水平高于国家验收标准。

壁纸与地板

历史建筑由于年代久远，墙面的饰面层多次变更，因此壁纸施工时基层易产生问题。壁纸粘贴的施工工艺流程：基层处理→刷封闭底胶→放线→裁纸→刷胶→裱贴→验收。

原建筑地板为人字形窄条企口地板，后经多次油漆，表面翘曲开裂，漆皮厚，脱漆困难。翻新木地板施工工艺流程：打磨→刮腻子→刷第一遍底漆→刷第二遍底漆→刷面漆→验收。

宴会厅

吊顶材料为轻钢龙骨、石膏板、环保乳胶漆；墙面材料为环保乳胶漆；地面材料为簇绒羊毛地毯。

共享大厅吊顶

共享大厅净空高、跨度大，需要搭设满堂红脚手架施工，危险系数大。

吊顶施工工艺流程：测量放线→吊杆、轻钢龙骨安装→面层处理→设备安装→验收。

宴会厅

餐厅

测量放线 对现场的轴线、标高、墙柱位置进行测量，校核图纸误差，根据实际尺寸调整图纸，再将图纸上的轴线、完成面、标高线弹到墙面及柱面，并做好明确标记。

吊杆、轻钢龙骨安装 现场搭设满堂红脚手架，根据图纸放线排布吊杆位置，吊杆采用8mm 通丝吊杆，配 ϕ10 内膨胀螺栓，吊杆间距严格控制在规范以内，膨胀螺栓确保紧固到位，主、副龙骨按照规范尺寸进行安装，排列整齐，连接件牢固。

面层处理 对石膏板的连接部位填充嵌缝石膏并满铺网格布，批腻子打磨，对表面进行处理，刷一遍乳胶漆，检查并进行修补，喷第二遍乳胶漆。

设备安装 清理吊顶内的灰尘、杂物，安装筒灯带，进行灯光的调试和通电试运行。

验收 检查修补饰面乳胶漆，本工程要求石膏板吊顶表面平整度不大于3mm、接缝直线度不大于 3mm、接缝高低差不大于 1mm，灯光照度均匀，乳胶漆涂刷均匀，从各角度看无刷痕、无开裂、无变形现象，验收合格后拆除脚手架。

墙柱面涂料

为了达到修复设计效果，墙柱面改为乳胶漆涂料饰面，原柱基材质为水磨石，基底颜色深，涂料附着力低，需要多次涂刷乳胶漆以隐藏覆盖。

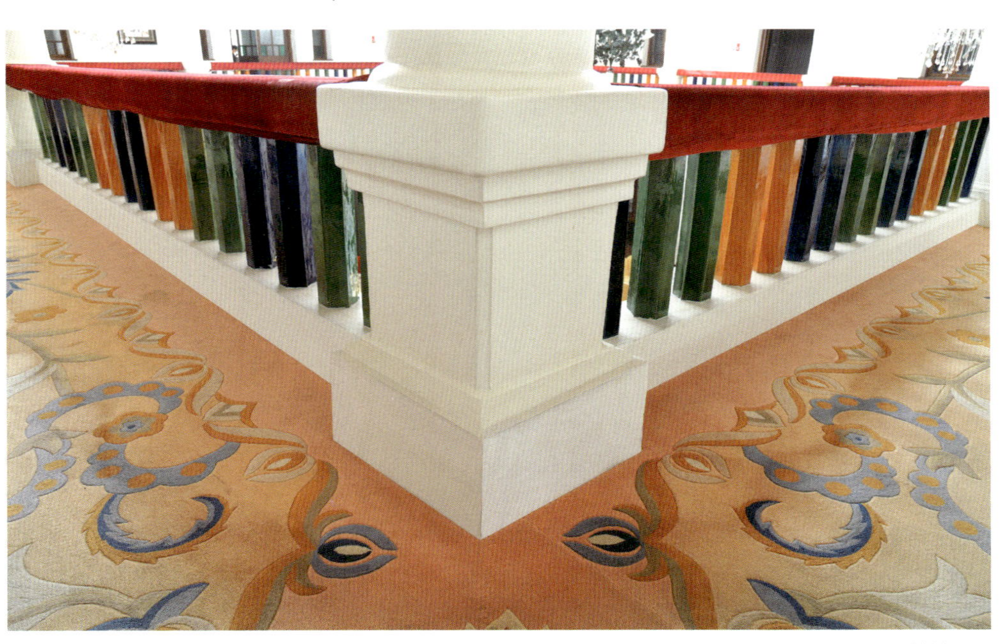

墙柱面图

墙柱面涂料涂饰工艺流程：清理墙面→修补墙面→刮腻子→刷第一遍乳胶漆→刷第二遍乳胶漆→刷第三遍乳胶漆→验收。

墙面验收要求：操作前将不需涂饰的门窗及其他相关的部位遮挡好；涂饰完的墙面，随时用木板或小方木将口、角等处保护好，防止碰撞造成损坏；拆脚手架时，要轻拿轻放，严防碰撞已涂饰完的墙面；涂料未干前，不应打扫室内地面，严防灰尘等沾污墙面涂料；严禁明火靠近已涂饰完的墙面，不得磕碰弄脏墙壁面等；工人刷涂饰时，严禁蹬踩已涂好的涂层部位（窗台），防止小油桶碰翻涂料、污染墙面。

地毯施工

共享大厅地面为地毯材质，该地毯为整体织成，地毯厚度大，铺设时不易摊平。

地毯施工工艺流程：清理基层→裁剪地毯→钉卡条、压条→铺底胶→接缝处理→铺接工艺→修整清理→验收。

木制品制作安装翻新

本工程为历史风貌建筑的修缮改造，在施工过程中有大量的木饰品构件需要进行仿制加工。现场手工制作这些木制品不仅要耗费大量的人力及时间，其仿制效果也并不能完全保证一致，影响美观。因此，工程所有木制品及饰品构件的加工均由专业工厂进行加工制成成品模块，现场仅负责仿型及安装工作，这样既能保证构件的加工精确度及外观效果，又能大幅度缩短工期，还能减少现场作业人员的数量，便于管理。

新制福寿木雕

宴会厅

三层楼道休息厅

施工流程：现场测量尺寸→工厂设计生产→现场直接组装。具体为：首先确定木制作工程、护墙板工程工厂化流程及工厂化生产的施工项目，由工厂操作人员到施工现场实测门窗洞口及墙面顶棚的几何尺寸，记录土建形成的各界面之间的结构，利用信息系统将所测量的结构尺寸进行汇总，将非标准尺寸转变为标准尺寸；其次以实现效果图的艺术效果为目标，进行工厂工业化设计，制定产品的生产工艺流程；依据工艺流程进行工厂生产制作，依据工厂下料单确定的规格、品种、尺寸，对严格检验后的合格产品在工厂进行模拟组装，做标记分类包装；将装饰产成品运至现场用特制工艺装备一一对应牢固安装在墙体上。

铜制品翻新

原铜制五金件历史悠久，表面氧化程度深，铜锈遍布，清洗困难。

铜制品清洗翻新工艺：

用热肥皂水洗净，然后再用软皮擦干，充分吹干。清洁很脏的铜器，可将其放在加入盐和白醋的水中煮沸几小时。

铜器上有污垢和烟尘结成的块，或者被空气腐蚀时，可将其浸在冷的淡氨水中，用金属丝轻轻擦洗，然后很快擦干，再用木灰和甲醚混合成的糊状物揩擦。

如果铜器失去光泽，可用盐和白醋的混合液或用半只柠檬撒上盐揩擦，即刻漂净，然后用热肥皂水洗涤，再用清水冲洗、擦干。

铜质窗户天地插销

暖气罩添配复古铜件

铜质门把手翻新

比利时玻璃门

会客厅正面

铜器放久了，表面就会变黑，如用氨水擦拭，可使表面光亮如新。

铜锈上涂一点醋，干后用水洗刷。

铜绿可用布蘸煤油擦一遍，然后用牙粉擦亮。内部有铜绿，可用柴灰擦去。

银器用包香烟的锡纸蘸精盐来擦拭，即能明亮如新。

黄铜制品上的漆迹，可用海绵蘸甲醇来揩擦，也可将柠檬汁掺于金属揩擦膏内使用，有助于保持黄铜制品的长期清洁。

带有清漆的黄铜制品有了污垢，可以用酒石酸氢钾和柠檬汁混合而成的糊状物涂在铜器上，保留 5min，然后用热水洗去，用软布擦干。

清洗青铜制品，去掉灰尘后，先用一点热亚麻籽油揩擦其表面，再用皮革揩擦。

中国大戏院修缮工程

建设单位

中国大戏院

承建单位

天津华惠安信装饰工程有限公司

开竣工日期

2014 年 3 月 15 日 ~ 9 月 30 日

中国大戏院

工程概况

坐落于天津市哈尔滨道 104 号的中国大戏院，始建于 1934 年，是一座有着 70 多年历史、享誉海内外的具有代表性的大型文艺演出娱乐场所，是天津市重点文物保护单位。

1934 年，我国著名京剧表演大师周信芳先生来天津演出，“天津八大家”之一、商界名流孟少臣先生召集本市金融、工商、娱乐业的巨贾，设宴欢迎周先生。孟少臣提议邀集天津各界及戏剧名家商议，为天津建一座具有当代最高水准、现代水平的大剧场，得到众人的响应。众多商家名流共筹资五十余万银圆，并向社会公开出售股票，投股兴建，马连良、周信芳、姜妙香、尚绮霞等京剧名家均参股投资。时任国民政府外交部长、巴黎和会首席谈判代表顾维钧先生，自愿出让自己名下当时法租界二十号路（现哈尔滨道）天增里旁土地 2700m^2，在此兴建建筑面积 7800m^2 的剧场，并定名为中国大戏院。

该建筑局部 5 层，采用大跨度钢架穹顶结构，场内没有任何立柱，设 3 层观众席，座席 2380 个，弧形舞台、大型化妆室，有乐池和当时十分先进的舞台电动升降式布景吊杠，场内设有贵宾包厢、休息室、贵宾接待室、售票处等，还有楼顶露天电影；舞场及场内电影；同时为了展示其现代化的品位，孟少臣还投入巨款安装了天津市为数极少的美国奥的斯第一代电梯（至今仍在使用中）。西院的外檐立面，采用朴素简洁的现代建筑形式设计，局部加以装饰，由法国乐利建筑工程公司的瑞士工程师洛普（Loup）和英国工程师扬（B.C.Young）联合设计，1934 年奠基，1936 年 8 月竣工。

首层大堂

功能空间

首层大堂

材料

吊顶采用轻钢龙骨、石膏板、石膏线、LED 节能筒灯、环保乳胶漆饰面。

墙面选用木质护墙板。

地面铺设 800mm × 800mm × 30mm 爵士白、汉白玉镜面石材，30mm 厚大花绿石材圈边和波打线，石材表面作研磨处理。

吊顶

施工工艺流程：测量放线→吊杆安装→面层处理→设备安装→后期处理。

测量放线　根据图纸对现场的轴线、标高、墙柱位置进行测量，校核误差，根据实际尺寸调整图纸，再将图纸上的轴线、完成面、标高线弹到墙面及柱面，并作好明确标记。

一号楼大堂

大堂吊顶

吊灯

吊杆安装 现场搭设满堂红脚手架，根据图纸放线排布吊杆位置，吊杆采用 8mm 通丝吊杆，ϕ10 内膨胀螺栓，吊杆间距严格控制在规范以内，膨胀螺栓确保紧固到位。

面层处理 对石膏板、石膏线的连接部位填充嵌缝石膏并满铺网格布，批腻子打磨对表面进行处理，刷一遍乳胶漆，检查并进行修补，喷第二遍乳胶漆。

设备安装 清理吊顶内的灰尘、杂物，安装筒灯、灯带，进行灯光的调试和通电试运行。

验　　收 检查修补饰面乳胶漆，本工程要求石膏板吊顶表面平整度不大于 3mm、接缝直线度不大于 3mm、接缝高低差不大于 1mm，无阴影，照度均匀，乳胶漆涂刷均匀，从各角度看无刷痕、无开裂、无变形现象，验收合格后拆除脚手架。

墙面护墙板

墙面护墙板尺寸复杂，每一面墙都需要按照现场实际尺寸进行预先排模并工厂化加工。

木饰面板安装施工工艺流程：测量放线→安装沿地、沿顶龙骨→安装沿墙（柱）竖向龙骨→安装通贯龙骨及横撑（水平龙骨）→饰面板的罩面铺钉→验收。

测量放线 根据设计要求及现场实测，在楼地面上弹出隔断位置线，并引测至隔断两端墙（或柱）面及楼板（或梁）底面，同时将门洞口位置、竖向龙骨位置在隔断墙体上下部位分别标出，作为基线。

安装沿地、沿顶龙骨 隔断骨架的沿顶、沿地横龙骨的固定，一是有预埋木砖的用钢钉固定，二是无预埋的采用射钉进行固结。本工程采用金属胀管进行连接固定。横龙骨两端顶至结构墙（柱）面，最末一颗紧固件与结构立面的距离不大于 100mm，金属胀管的间距应不大于 0.8m。

安装沿墙（柱）竖向龙骨 隔断骨架的边框竖向龙骨与建筑结构体的固定连接和沿顶沿地龙骨的安装做法相同。以 C 形竖龙骨上的穿线孔为依据，首先确定龙骨上下两端的方向，尽量使穿线孔对齐。对于有设计要求的竖向龙骨尺寸，应根据现场实测情况，以保证竖向龙骨能够在沿地沿天龙骨的槽口内滑动，竖向龙骨的长度应比沿地沿顶龙骨内侧尺寸短 10mm 左右。轻钢墙体竖向龙骨安装间距，要按罩面板材的实际尺寸及隔断墙体的结构设计而定。此外隔断墙体骨架第一档的竖龙骨间距，通常要求比普通间距尺寸（400 ~ 600mm）减 25mm，同时在重要的承重部位，其竖龙骨可以双根并用、密排，或采用加强龙骨（断面呈不对称 C 形，使用双根口合）。竖向龙骨的现场截断，注意只可从其上端切割。将截切好的竖向龙骨推向沿地、沿顶龙骨之间，龙骨侧翼朝向罩面板方向（即为罩面板的钉装面）。竖向龙骨到位并保证垂直后，与沿顶沿地龙骨的固定可采用自攻螺钉或抽芯铆钉进行钉接。

安装通贯龙骨及横撑（水平龙骨） 当隔断骨架采用通贯系列龙骨时，竖向龙骨安装后即装设通贯龙骨，在水平方向从各条竖向龙骨的贯通孔中穿过，在竖向龙骨的开口面用支撑卡件稳定并锁闭此处的敞口。横撑龙骨间距最大不超过 1m，装设支撑卡时，卡距应为 400 ~ 600mm，距龙骨两端的距离为 20 ~ 25mm。对于非支撑卡系列龙骨，通贯龙骨的稳定可在竖向龙骨非开口面采用角托，以抽芯铆钉或自攻螺钉将角托与竖向龙骨连接并拖住通贯龙骨。

饰面板的罩面铺钉 在隔断轻钢龙骨安装完毕并通过中间验收后，即可安装隔断罩面的饰面板。先安装一个单面，待墙体内部的管线及其他

墙面细部节点

隐蔽设施或填塞材料装设后再封钉另一面的板材。罩面的板材宜采用整板，板与板的对接可以紧靠但不能强压就位。饰面板的装钉应从板中央向板的四边顺次进行，中间部分自攻螺钉的钉距一般应不大于 300mm，板块周围螺钉钉距应不大于 200mm，螺钉距板边缘的距离应为 10 ~ 16mm。自攻钉头应略埋入板面，但不得损坏板材的护面纸。隔断端部的饰面板与相接的墙柱面，应留有 3mm 的间隙，先注入嵌缝膏，后铺板挤密。龙骨两侧的罩面板，以及龙骨一侧的内外两层饰面板均应错缝排列，即它们的板缝不得落在同一根龙骨上。饰面板隔断以丁字或十字形相接时，其墙体阴角处应用腻子嵌满，贴上接缝带，阳角处应设置护角。

本工程木饰面板材质、品种、规格、式样应符合设计要求和施工规范。人造板、胶黏剂必须有游离甲醛含量或游离甲醛释放量及苯含量检测报告。轻钢龙骨架必须安装牢固，无松动，位置正确。罩面板无脱层、翘曲、折裂、缺楞掉角等缺陷，安装必须牢固，整体质量水平高于国家验收标准。

地面大理石

地面石材为新旧两种，新石材做旧，旧石材翻新，同时做到新旧石材的融合。

地面石材铺装施工工艺流程：工厂加工、试拼→弹线→试排→基层处理→铺砂浆→铺石材→灌缝、擦缝→养护→研磨、结晶→验收。

工厂加工、试拼　考虑石材分格与大厅各个入口的对应关系，精确排模，确定每块石材的规格尺寸和位置编号，在工厂加工后预拼花纹，异形石材在工厂内进行切割，对大理石按图案、颜色、纹理试拼，试拼后按两个方向编号排列，然后按照编号码放整齐，做好防护处理和包装。

弹　　线　施工前在墙体四周弹出标高控制线（依据墙上的 50cm 控制线），在地面弹出十字线，以控制石材分隔尺寸。找出面层的标高控制点，在墙上弹好水平线，与各相关部位的标高控制一致。

试　　排　两个互相垂直的方向铺设两条干砂，宽度大于板块，厚度不小于 3cm。根据试拼石板编号及施工大样图，结合实际尺寸，把石材板块排好，检查板块之间的缝隙，核对板块与墙面、柱、洞口等部位的相对位置。

基层处理　在铺砂浆之前将基层清扫干净，包括试排用的干砂及石材，然后用喷壶洒水湿润，刷一层素水泥浆，水灰比为 0.5 左右，随刷随铺砂浆。

铺 砂 浆　根据水平线，定出地面找平层厚度，拉十字控制线，铺结合层水泥砂浆，结合层采用 1 ：3 干硬性水泥砂浆，强度等级为 325 的矿渣硅酸盐水泥。

铺 石 材　先里后外沿控制线进行铺设，按照试拼编号，依次铺砌，逐步退至门洞口。铺贴前为防止出现空鼓现象，石材铲除背网后刷防水防空鼓背胶，石材背面满刮白水泥素浆，然后正式镶铺。安放时四角同时落下，用橡皮锤轻击木垫板，根据水平线用水平尺找平，铺完第一块向两侧和后退方向顺序镶铺。镶铺时注意石材纹路方向和色差，石材之间不留缝隙。石材搬运时防止磕碰损坏，大理石破损后要进行仔细粘接修补，再进行铺装，防止出现返黑返碱。

灌缝、擦缝　在镶铺后 1 ~ 2 昼夜进行灌浆擦缝。根据石材颜色选择相同颜色矿物颜料，和水泥搅拌均匀调成 1 ：1 稀水泥浆，用浆壶徐徐灌入大理石或花岗石板块之间的缝隙，分几次进行，并用长把刮板将流出的水泥浆向缝隙内喂回。灌浆时，多余的砂浆应立即擦去，灌浆 1 ~ 2h 后，用棉丝团蘸原稀水泥浆擦缝，与板面擦平。

一层大堂石材地面

养　　护　面层施工完毕，浇水养护一周；养护后铺防护膜进行保护。

研磨、结晶　交工前一周进行填缝修补，按由粗到细的顺序进行研磨处理，最后用结晶粉进行抛光。

验　　收　本工程石材地面表面平整度不大于 1mm，缝格平直度不大于 1.5mm，接缝高低差为 0，地面无空鼓现象，花纹顺畅、无色差、无裂痕，整体质量水平高于国家验收标准。

观众厅

材料

吊顶采用轻钢龙骨、石膏板、石膏线、LED 节能筒灯、LED 灯带，环保乳胶漆饰面。

墙面选用木质护墙板。

地面铺设 1200mm × 150mm × 15mm 实木复合地板。

墙面涂料饰面施工工艺流程：基层处理→修补腻子→磨砂纸→第一遍满刮腻子→磨砂纸→第二遍满刮腻子→磨砂纸→刷第一道涂料→补腻子磨砂纸→刷第二道涂料。

地面实木复合地板施工工艺流程：基层验收→清理基层→铺设塑料薄膜地垫→粘贴复合地板。

基层验收　根据设计标高，弹出水平控制线。

清理基层　根据水平控制线，复测房间基层标高，超过标高处，及时处理，对基层表面平整度的要求是不大于 3mm。

铺设塑料薄膜地垫　根据房间大小及地板规格，在地坪上弹出地板分格线，房间四周留有空隙，便于地板伸缩之用，然后在地面上满铺塑料薄膜地垫。

粘贴复合地板　地板的铺设方向按照图纸所示方向，地板接缝均应按 1/3 错开。地板铺设前，应先选料、排板试拼，保证地板的色泽基本一致且达到设计要求。铺设地板时，应从墙面一侧开始，地板必须离墙 5 ~ 8 mm，保证地板有伸缩余地，地板逐块排紧铺设，地板板缝宽度不大于 0.5 mm。地板铺完后就做保护，严禁无关人员进入。

观众厅

剧场舞台

石膏板吊顶

中共天津市委党校改扩建项目

项目地点

天津市南开区育梁路 4 号

工程规模

总建筑面积 54248m²，其中教学楼建筑面积 18200m²，求知会堂建筑面积 4675m²，科研行政楼建筑面积 10215m²，学员宿舍建筑面积 13150m²，综合食堂建筑面积 6100m²，地下车库建筑面积 5335m²。结构形式为框架、框架剪力墙、砖混等

开竣工时间

2016 年 4 ~ 7 月

获奖情况

荣获 2017 年度中国建设工程鲁班奖（国家优质工程）、2017 年度装饰海河杯工程

中共天津市委党校

功能空间

一层大厅

材料

吊顶采用轻钢龙骨、石膏板、石膏线，A 级软膜吊顶，LED 节能筒灯、LED 灯带，环保乳胶漆饰面。

墙面及柱子选用 25mm 厚米黄石材。

地面铺设 800mm × 800mm 米黄石材。

施工工艺

预制模块吊顶施工工艺流程：测量放线→吊顶模块预制→吊杆安装→吊顶模块安装→面层处理→设备安装→后期处理。

测 量 放 线 根据图纸对现场的轴线、标高、墙柱位置进行测量，校核误差，根据实际尺寸调整图纸，再将图纸上的轴线、完成面、标高线弹到墙面及柱面，并作好明确标记。

吊顶模块预制 吊顶采用模块化预制构件，根据图纸出具吊顶模块加工图，在工厂内预制吊顶模块；本工程经优化共有 8 个标准模块，吊顶模块采用轻钢龙骨石膏板构造，每个模块的重量控制在 500kg 以内，便于现场吊装；预制模块在工厂内开好灯孔、安装叠级线条，连接处做好加固处理，运输时使用专用的支架进行紧固防止破损。

吊 杆 安 装 现场搭设满堂红脚手架，根据图纸放线排布吊杆位置，吊杆采用 8mm 通丝吊杆，配 ϕ 10 内膨胀螺栓，吊杆间距严格控制在规范以内，膨胀螺栓确保紧固到位。

吊顶模块安装 吊顶模块采用小型电动起重设备吊装到脚手架顶部，通过作业平台将模块逐个搬运到吊装位置，与吊杆牢固连接，模块连接处栓接紧固并覆盖石膏板，通过调整紧固件确保吊杆均匀受力，控制吊顶起拱，高度为 3‰。

面 层 处 理 对石膏板、石膏线的连接部位填充嵌缝石膏并满铺网格布，批腻子打磨对表面进行处理，刷第一遍乳胶漆，检查并进行修补，喷第二遍乳胶漆。

共享大厅

设备安装 清理吊顶内的灰尘、杂物，安装筒灯、灯带，清理软膜吊顶表面的灰尘，安装软膜吊顶，进行灯光的调试和通电试运行。

后期处理 检查修补饰面乳胶漆，本工程石膏板吊顶表面平整度不大于3mm，接缝直线度不大于3mm，接缝高低差不大于1mm，软膜吊顶灯带无光斑、无阴影、照度均匀，乳胶漆涂刷均匀，从各角度看无刷痕，无开裂、无变形现象，验收合格后拆除脚手架。

纸面石膏板软膜吊顶面积大、跨度大，难点是防止开裂和控制涂料的光斑、刷痕。

墙面石材挂装施工工艺流程：结构尺寸检验、测量→绘制石材排模及加工图→石材加工→安装镀锌埋板→龙骨焊制→安装石材板→成品保护→验收。

结构尺寸检验、测量 在石材排模前，复核土建工程精度，对于其中细微的偏差在排模下料时进行调整，使其不影响整体装饰效果和验收标准。

共享大厅顶部

干挂石材

绘制石材排模及加工图 根据现场测量的结果，绘制墙面的立面尺寸图及石材分格图并进行编号。在图中精确反映墙面标高尺寸、洞口尺寸以及水电、消防等工程需要预留洞口的位置及尺寸等信息。

石材加工 在石材加工厂进行石材表面处理，并进行预铺装，确保纹路顺畅、减少色差。进场后石材堆放地夯实，垫通长方木方，按 75° 立放斜靠在专用的钢架或墙面上并靠紧码放。

安装镀锌埋板 遇到工程墙体为轻质墙体不能承载干挂石材骨架的荷载，埋板设在墙体顶部的混凝土梁及楼板上，其中混凝土梁埋板主要起拉结骨架的作用，不做主要承重构件，重量通过骨架底部的埋板传到混凝土楼板上。

龙骨焊制 根据石材模数 900mm × 1200mm 焊接主龙骨及水平龙骨，龙骨的长边与埋板垂直以增加龙骨的强度，水平龙骨焊制前应进行切割，长度比两主龙骨间距离短 5mm，以便于安装。固定时水平龙骨的一端与主龙骨焊接，另一端与特制钢角码通过 M10 螺栓进行拴接。焊口处进行清渣处理，并补刷两遍防锈漆。

安装石材板 安装前检查石材板面是否有缺棱、掉角或不平整等缺陷。板面安装时严格按照排模编号的顺序自下而上进行，相同尺寸之间无任意替换现象。安装时，同一面层的墙体挂通线。工程采用 L 形不锈钢挂件作为石材与骨架的连接件，每块石材上下边应各开两个短槽，槽长不小于 10mm，槽位根据石材的大小而定，距离边端大于等于石材板厚的 3 倍，且不超过 180mm；挂件间距小于等于 600mm；边长小于等于 1m 时，每边设两个挂件。石材开槽后无损坏或崩裂的现象，槽口打磨成 45° 倒角，槽内光滑、洁净，在加工区统一开槽，挂件与石材连接牢固，填补环氧树脂结构胶。

成品保护 石材板面安装完毕，为防止将板面划伤，需确保无施工材料、器具、木梯等杂物倚靠石材板面现象。在石材阳角的转角处安装大于等于 2m 的护角，防止搬运物品时将石材阳角破坏。

验收 本工程石材墙面表面平整度不大于 2mm、立面垂直度不大于 2mm、接缝直线度不大于 2mm、接缝高低差不大于 0.5mm，墙面石材无任何修补和破损现象。

大厅墙面石材施工面积大，难点是墙面石材与地面石材及护栏均有交接面，要整体规划，确保每块石材与周边的接缝位置为顺缝，确保石材纹路一致，并严格控制色差，以达到较好的观感效果。

地面石材铺装施工工艺流程：工厂加工、试拼→弹线→试排→基层处理→铺砂浆→铺设石材→灌缝、擦缝→养护→研磨、结晶→验收。

工厂加工、试拼 考虑石材分格与大厅各个入口的对应关系，精确排模，确定每块石材的规格尺寸和位置编号，在工厂加工后预拼花纹，异形石材在工厂内进行切割，对大理石按图案、颜色、纹理试拼，试拼后按两个方向编号排列，然后按照编号码放整齐，做好防护处理和包装。

弹线 施工前在墙体四周弹出标高控制线（依据墙上的 50cm 控制线），在地面弹出十字线，以控制石材分隔尺寸。找出面层的标高控制点，在墙上弹好水平线，与各相关部位的标高控制一致。

试排 两个互相垂直的方向铺设两条干砂，宽度大于板块，厚度不小于 3cm。根据试拼石板编号及施工大样图，结合实际尺寸，把石材板块排好，检查板块之间的缝隙，核对板块与墙面、柱、洞口等部位的相对位置。

基层处理 在铺砂浆之前将基层清扫干净，包括试排用的干砂及石材，然后用喷壶洒水湿润，刷一层素水泥浆，水灰比为 0.5 左右，随刷随铺砂浆。

铺砂浆 根据水平线，定出地面找平层厚度，拉十字控制线，铺结合层水泥砂浆，结合层采用 1:3 干硬性水泥砂浆。

铺设石材 先里后外沿控制线进行铺设，按照试拼编号依次铺砌，逐步退至门洞口。铺贴前为防止出现空鼓现象，石材铲除背网后刷防水防空鼓背胶，石材背面满刮白水泥素浆，然后正式镶铺。安放时四角同时落下，用橡皮锤轻击木垫板，根据水平线用水平尺找平，铺完第一块后，向两侧和后退方向顺序镶铺。镶铺时注意石材纹路方向和色差，石材之间不留缝隙。石材搬运时防止磕碰损坏，大理石破损后要进行仔细粘接修补，再进行铺装，防止出现返黑返碱。

灌缝、擦缝 在镶铺后 1 ~ 2 昼夜进行灌浆擦缝。根据石材颜色选择相同颜色矿物颜料和水泥搅拌

大厅地面石材

均匀调成 1 ： 1 稀水泥浆，用浆壶徐徐灌入大理石或花岗石板块之间的缝隙，分几次进行，并用长把刮板将流出的水泥浆喂向缝隙内。灌浆时，多余的砂浆应立即擦去，灌浆 1 ~ 2h 后，用棉丝团蘸原稀水泥浆擦缝，与板面擦平，同时将板面上水泥浆擦净。

养　　护　面层施工完毕后，浇水养护一周；养护后铺防护膜进行保护。

研磨、结晶　交工前一周进行填缝修补，按由粗到细的顺序进行研磨处理，最后用结晶粉进行抛光。

验　　收　本工程石材地面表面平整度不大于 1mm，缝格平直度不大于 1.5mm，接缝高低差为 0，地面无空鼓现象，花纹顺畅、无色差、无裂痕，整体质量水平高于国家验收标准。

共享大堂石材地面施工面积大，与大厅各个入口的对应关系多，要整体测尺放线排模，规划每块石材与周边的接缝位置，确定石材的规格和纹路，严格控制色差。

阶梯教室

材料

吊顶采用轻钢龙骨、石膏板跌级吊顶，环保乳胶漆饰面，微孔吸声铝板，LED 节能筒灯。
墙面材料主要为木质吸声板。
地面主要为地毯，演讲台为实木复合地板。

施工工艺

吸声铝板施工工艺流程：现场勘测→测量放线→埋件及吊杆（角钢）安装→上层 L 型角钢安装→下层专用 Z 型龙骨安装→安装铝板。

教室局部

现场勘测 对原结构板基层标高，顶内相关管道、设施位置等结合设计图纸进行校核，相关情况和数据做好记录备案，为测量放线提供参考依据，同时对存在走向问题及时进行反馈、确认等。

测量放线 在认真审核、熟悉图纸的基础上，结合现场勘测相关资料，根据吊顶设计标高、装饰造型尺寸在四周墙上抄平放线。沿已弹好的顶棚标高水平线，按吊顶平面图在混凝土顶板以中距 900 ~ 1200mm 标出吊杆固定点位置，并画（弹）出主龙骨的分档位置线，根据现场实际作出相应的控制点线，为施工和监测提供可靠依据。

埋件及吊杆（角钢）安装 根据施工标准线在吊顶吊点位置打孔下 ϕ 12 金属胀管安装埋件；根据吊顶设计标高到楼板距离，将 ϕ 12 螺栓吊杆裁截成相应尺寸备用；用变径螺母对预埋金属胀管同吊杆进行螺栓连接，将连接好的吊筋在纵向排列，调整好标高和垂度后与埋件金属胀管拧紧，挂通线将区间内吊杆按此线逐根安装拧紧，横向吊杆同样按此法依次安装，直至逐行逐片全部完成；重型灯具、电扇及其他重型设备增设附加吊杆。

上层 L 型角钢安装 按照弹线位置安装边龙骨，用射钉固定，射钉间距小于吊顶次龙骨间距。将预置好的专用 L 型角钢龙骨平行于房间长边方向进行布置，中距为 900 ~ 1200mm，用垂螺栓吊杆进行螺栓连接，主骨接长形式采取对接连接，且相邻主骨的对接接头相互错开，以此逐根安装至全部主骨完成；由于本工程吊筋长度大于 1500mm，加设反向支撑系统以增加龙骨稳定性；本工程部分房间吊顶跨度大于 15m，为增强主骨稳定性，在主骨上每隔 15m 加设一道通长横卧大龙骨，并垂直于主龙骨焊接牢固；固定过程中将主骨略微起拱，起拱以跨距的 1/300 ~ 1/200 起拱。

下层专用Z型龙骨安装 次龙骨安装，Z型龙骨同主龙骨相互垂直布置，通过挂件以600mm为间距用螺栓固定在主龙骨上。全部吊顶龙骨安装完毕，再在需开洞位置另行安装附加龙骨，制作洞口。洞口位置尽量避开主龙骨，个别无法避开采取加强措施。当吊挂物重量较大时（大于3kg），采用吊杆将其同楼板或屋面板直接固定。

安装铝板 安装铝合金面板采用挂钩式固定，可随时拆卸，检修吊顶网管道时，可取下板材。在已安装好并验收合格的下层专用Z型龙骨下面，将铝合金面板钩挂于下层专用Z型龙骨角码上。从顶棚的一端先安装一行，然后依次按行安装，将大于1/3的罩面板搁放在另一端；当小于板宽的1/3时，从中间顺龙骨方向开始先安装一行罩面板，以此作为基准，然后向两侧对称分行安装，保证墙体四周的罩面板宽度大于200mm（板宽的1/3），板缝处用双面胶条密封装饰。

教室面积、跨度较大，吊顶以40镀锌角钢为吊杆和反支撑，加强整体顶棚的稳定性。

阶梯教室墙面为木质吸声板，使用量大，保证其连贯性及美观是关键。

教室正面

木质吸声板墙面施工工艺流程：测量放线→骨架安装→安装吸声板。

测量放线

测量人员以每层的 500mm 线与轴线作为基准线进行放线及校核现场结构与埋件尺寸，并确定主体结构边角尺寸，反馈给技术部以便其及早进行边角龙骨分格尺寸调整。利用钢卷尺、经纬仪从原始轴线控制点、标高点引测辅助轴线；利用经纬仪、测距仪对辅助轴线进行尺寸和角度复核，确保偏差在允许范围内，并标识于层面；利用辅助轴线，依据纵向龙骨布置图，用钢卷尺、经纬仪定出每边边角龙骨外表中心位置和每边中部龙骨外表中心点，复核后标识于层面；利用激光铅垂仪从标识点向上垂直引测直至斜面层顶，校核后安挂定位钢丝，利用经纬仪进行双向正交校核后固定；分格轴线的测量放线与主体结构的测量放线配合，对误差进行控制、分配、消化，不使其积累；每天定时校核，以确保幕墙的垂直及立柱位置的正确。

放线的顺序：按土建方提供的轴线，经复测后上下放钢线，用经纬仪校核其准确性。幕墙支座的水平放线每两个分格设一个固定支点，用水平仪检测其准确性，同样按中心放线方法放出主梁的进出位线。每层楼的支座位置，由水平仪检测，相邻支座水平误差应符合设计标准。

阶梯教室墙面

骨架安装 确立基准层框架。① 根据基准线及测出的外墙面误差，确定基准层，然后将基准框立好，每个平面选择两根或三根（视长度定）基准框。② 基准框要保证垂直度、水平高度绝对准确。基准框立好后，检查各面框的位置是否与设计相符。检查无误后，将质量检测记录提交业主及监理单位复检，经复检合格后，依次安装其他框架。

骨架与主体连接 骨架与主体是由竖框通过连接钢角码与预埋件连接，钢角码与竖框接触面用尼龙垫隔开，以防止不同金属间的电位腐蚀。转接钢角码与预埋板用焊接的方式连接起来，先点焊，再调整，调整准确后再满焊。焊接后刷防锈漆，并作防腐处理。

立柱的安装依据竖向钢直线以及横向鱼丝线进行调节安装，直至各尺寸符合要求，竖向龙骨安装后进行轴向偏差的检查，轴向偏差控制在 ±1mm 范围内，竖料之间分格尺寸控制在 ±1mm。

安装吸声板 钢龙骨安装完毕后，对整个铝板面横向、竖向龙骨，在龙骨上重新弹设吸声板安装中心定位线，所弹墨线几何尺寸应符合要求，墨线必须清晰。依据编号图的位置进行吸声板的安装，安装吸声板要拉横向和竖向控制线，因为整个钢架总有一些不平整，铝板支承点处需进行调整垫平。吸声板在搬运、吊装过程中，应竖直搬运，不宜上下平台搬运。

会议室

材料

吊顶材料为 600mm×600mm 矿棉板。

墙面材料为乳胶漆。

地面铺设 600mm×600mm 玻化砖。

施工工艺

矿棉板施工工艺：现场勘测→测量放线→埋件及吊杆（角钢）安装→上层L型角钢安装→下层专用Z型龙骨安装→安装矿棉板。

现场勘测 对原结构板基层标高，顶内相关管道、设施位置等结合设计图纸进行校核，相关情况和数据做好记录备案，为测量放线提供参考依据，同时对走向问题等及时进行反馈、确认工作。

测量放线 在认真审核、熟悉图纸的基础上，结合现场勘测相关资料，根据吊顶设计标高、装饰造型尺寸在四周墙上抄平放线。沿已弹好的顶棚标高水平线，按吊顶平面图在混凝土顶板以中距900～1200mm标出吊杆固定点位置，并画（弹）出主龙骨的分档位置线，根据现场实际作出相应的控制点线，为施工和监测提供可靠依据。

埋件及吊杆（角钢）安装 根据施工标准线在吊顶吊点位置打孔下ϕ12金属胀管安装埋件。根据吊顶设计标高到楼板距离，将ϕ12螺栓吊杆裁截成相应尺寸备用。用变径螺母对预埋金属胀管同吊杆进行螺栓连接，将连接好的吊筋纵向排列，调整好标高和垂度后与埋件金属胀管拧紧，挂通线将区间内吊杆按此线逐根安装拧紧。横向吊杆同样按此法依次安装，直至逐行逐片全部完成。重型灯具、电扇及其他重型设备增设附加吊杆。

上层L型角钢安装 按照弹线位置安装边龙骨，用射钉固定，射钉间距小于吊顶次龙骨间距。将预置好的专用L型角钢龙骨平行于房间长边方向进行布置，中距为900～1200mm，用垂螺栓吊杆进行螺栓连接，主骨接长形式采取对接连接，且相邻主骨的对接接头相互错开，以此逐根安装至全部主骨完成。由于本工程吊筋长度大于1500mm，加设反向支撑系统以增加龙骨稳定性。本工程部分房间吊顶跨度大于15m，为增强主骨稳定性，在主骨上每隔15m加设一道通常横卧大龙骨，并垂直于主龙骨焊接牢固。固定过程中将主骨略微起拱，起拱以跨距的1/300～1/200起拱，并符合设计要求。

下层专用Z型龙骨安装 次龙骨安装，Z型龙骨同主龙骨垂直布置，通过挂件以600mm为间距用螺栓固定在主龙骨上。全部吊顶龙骨安装完毕，再在需开洞位置另行安装附加龙骨，制作洞口。洞口位置尽量避开主龙骨，个别无法避开位置采取加强措施。当吊挂物重量较大时（大于3kg），采用吊杆将其同楼板或屋面板直接固定。

安装矿棉板 从顶棚的一端先安装一行，然后依次按行安装，将大于1/3的罩面板搁放在另一端；当小于板宽的1/3时，从中间顺龙骨方向开始先安装一行罩面板，以此作为基准，然后向两侧对称分行安装，保证墙体四周的罩面板宽度大于200mm（板宽的1/3）。

铁艺护栏细部

铁艺护栏

护栏安装施工工艺流程：测量放线→后置埋件锚固→焊接立柱→加工玻璃栏板→抛光。

测 量 放 线　护栏纵向中心线。依据基体墙中心轴在两端分别设置控制桩点，以此点为准在墙上弹线，为护栏安装提供施工标准线。

护栏立柱位置。依据护栏立柱的设计间距，在中心线上逐一标出弹十字位置线，作为定位安装和埋件锚固控制标准线。

护栏垂直控制。在中心线两端设置标杆调直固定，根据立柱侧面中心在标杆上作控制点，此点作为施工挂线的依据。

后置埋件锚固　护栏埋体安装。在埋体面上标出十字线，将其在预留位置上就位，按十字线调整标出胀管孔位置后打孔下胀管，放置埋件，按其标高调整找正找平，紧固螺母锚固，逐块进行直至全部完成。按所弹固定件的位置线，打孔安装，每个固定件以 ϕ10 的膨胀螺栓（不得少于 2 个）固定，焊接立杆，铁件的大小、规格尺寸应符合设计要求。检验合格后，焊接立杆。

焊 接 立 柱　首先在立柱四面上下部位标出十字中线，将其就位，按基体护栏中心线和埋件中线调整，找直找平后与埋件固定焊牢，逐根进行直至全部完成。焊接主立杆与固定件时，放出上下两条立杆位置线，每根主立杆应先点焊定位、检查垂直，合格后，再分段满焊，焊接缝符合设计要求及施工规范。使用不锈钢管为主立杆时，其厚度要大于 2mm。焊接后清除焊药、刷防锈漆处理。

加工玻璃栏板　加工玻璃时，应根据图纸或设计要求及现场的实际尺寸加工钢化玻璃（其厚度不小于 12mm）或夹胶玻璃。玻璃各边及阳角应抛成斜边或圆角，以防伤手。

不锈钢管为扶手焊接宜使用氩弧焊机焊接，焊接时应先点焊，检查位置间距、垂直度、直线度，符合质量要求后两侧同时满焊。焊接一次不宜过长，防止钢管受热变形。当采用方、圆钢管立杆扶手时，其扁钢预先打好孔，间距控制在400mm内。

抛　　光　表面抛光时先用粗片进行打磨，如表面有砂眼不平处，可用氩弧焊补焊，大面磨平后，再用细片进行抛光。抛光处的质量效果应与表面一致。

方、圆钢管焊缝打磨时，必须保证平整、垂直。经过防锈处理后，焊接缝及表面不平不光处可用原子灰补平补光。干焊后打磨清理，并按设计要求喷漆。

喷漆前对护栏所有焊接部位焊渣逐一剔除，同时对存在缺陷部位采取原子灰、腻子刮嵌找平，待干透后粗细磨，其间插入护栏整体部位的打磨除锈施工。

护栏整体各部位表面浮尘清净后，将桶装漆搅拌均匀，调整喷枪嘴注入油漆，先试喷掌握最佳距离和不同部位的施喷角度后，正式插入底漆的喷涂，待干燥后再插入饰面漆的喷涂。第一道面漆完成干透后再进行细磨，达到平整光滑，节点部位圆滑、流畅，清净表面浮尘后进行最后一道饰面漆的喷涂。

铁艺护栏施工难度在于通长较长，要保证其整体性及连贯性。关键节点在于护栏及石材的收口。

天津市公安局业务技术用房（两级指挥中心）装饰装修工程

项目地点

天津市西青区中北镇侯台工业区

工程规模

本工程由 5 栋楼组成，总装修面积 151000m²。其中 1 号楼装修面积约 60000m²，2 号楼装修面积约 16000m²，工程造价为 14800 万元

建设单位

天津市公安局

开竣工时间

2016 年 6 月 ~ 2017 年 3 月

获奖情况

2018 年度装饰海河杯工程

总体外观

天津市公安局业务技术用房（两级指挥中心）建筑立面

设计特点

建筑主要功能及性质

本项目由 5 个单体建筑组成，框剪结构，耐火等级为一级。其中 1 号楼为主楼，功能是以办公及作战指挥为主，装修面积约 60000m^2；2 号楼为会议楼，主要使用功能为召开各类会议及警员训练，装修面积约 16000m^2；3 号楼主要使用功能为餐厅、厨房操作间、淋浴间、活动室，装修面积约 20000m^2；4 号楼为通信楼，主要功能是为其他建筑提供传输信号、数据分析等，装修面积约 25000m^2；5 号楼为办公楼，是作战在一线警员的办公区，装修面积约 25000m^2。

设计思想

工程遵循简朴庄重、经济适用的原则，设计围绕着恢宏大气、公正、服务、庄严、权威、肃穆、高信息化的主题思想。

设计元素

以白色墙面、白色顶棚、米黄色地面为主色调，配以棕红色木门木饰面，显著设置“为人民服务”宗旨标识，在人员集中的场所，用警徽的红色、蓝色、黄色作为空间色彩点缀。

吊顶

设计效果

充分满足使用功能，体现高效服务、节能环保的设计理念，各建筑单体功能明确，通过清晰的标识系统，把各功能分区有机地结合起来，实现整个办公环境的高效运转。主楼大厅通过大空间、浅色调石材、通高的圆柱，体现公安机关的庄严、权威；作战指挥中心、情报预警平台通过简洁明快装饰，结合先进的指挥通信系统，衬托公安系统处置应急事件的沉着机敏；民生大堂是对外服务百姓的窗口，通过柔和的色调、温馨的氛围，营造公正、严谨的服务环境；会议、办公空间功能紧凑、设施先进，装饰效果稳重凝练。

功能空间

1 号楼

大堂

・材料

吊顶材料：吊顶采用轻钢龙骨、石膏板、石膏线、A 级软膜顶棚、LED 节能筒灯、LED 灯带、环保乳胶漆饰面。

墙面材料：墙面选用 35mm 厚法国木纹石镜面板材、法国木纹石线条，圆柱采用四拼弧形板材，基座为浅啡网抛光石材，柱身为法国木纹石抛光石材、热镀锌钢骨架结构、不锈钢弯钩挂件，“为人民服务”题字采用铜板拉丝处理，护栏采用拉丝不锈钢板立柱、拉丝圆管扶手、钢化夹胶安全玻璃。

地面材料：地面铺设 800mm × 800mm × 30mm 白玉兰镜面石材，30mm 厚浅啡网石材圈边和波打线，石材表面作研磨处理。

・吊顶

纸面石膏板软膜顶棚面积大、跨度大，难点是防止开裂和控制涂料的光斑、刷痕。

预制模块吊顶施工工艺流程：测量放线→吊顶模块预制→吊杆安装→吊顶模块安装→面层处理→设备安装→后期处理。

大厅内部

·墙面石材

共享大厅墙面石材施工面积大，难点是墙面石材与地面石材及护栏均有交接面，要整体规划每块石材与周边的接缝位置，确保石材纹路一致，并严格控制色差。

墙面石材挂装施工工艺流程：结构尺寸检验、测量→绘制石材排模及加工图→石材加工→现场安装镀锌埋板→龙骨焊制→安装石材板→成品保护验收。

结构尺寸检验、测量 在石材排模前，复核土建工程精度，对于其中细微的偏差在排模下料时进行调整，使其不影响整体装饰效果和验收标准。

绘制石材排模及加工图 根据现场测量的结果，绘制出每个墙面的立面尺寸图及石材分格图，并进行编号。图中精确反映墙面标高尺寸、洞口尺寸以及水电、消防等工程需要预留洞口的位置及尺寸等信息。

石材加工 在石材加工厂进行石材表面处理，并进行预铺装，确保纹路顺畅、减少色差。进场后石材堆放地夯实，垫通长方木方，按 75° 角立放斜靠在专用的钢架或墙面上并靠紧码放。

安装镀锌埋板 遇到工程墙体为轻质墙体不能承载干挂石材骨架的荷载，埋板设在墙体顶部的混凝土梁及楼板上，其中混凝土梁埋板主要起拉结骨架的作用，不做主要承重构件，重量通过骨架底部的埋板传到混凝土楼板上。

龙骨焊制 根据石材模数 900mm × 1200mm 焊接主龙骨及水平龙骨，龙骨的长边与埋板垂直以增加龙骨的强度，水平龙骨焊制前应进行切割，长度比两主骨间距离短 5mm，以便于安装。固定时水平龙骨的一端与主龙骨进行焊接，另一端与特制钢角码通过 M10 螺栓进行拴接。焊口处进行清渣处理，并补刷两遍防锈漆。

安装石材板 在进行安装前检查石材板面是否有缺棱、掉角或不平整等缺陷。板面安装时严格按照排模编号的顺序自下而上进行，相同尺寸之间无任意替换现象。安装时，同一个面层的墙体挂通线。本工程采用 L 形不锈钢挂件作为石材与骨架的连接件，每块石材上下边应各开两个短槽，槽长大于等于 10mm，槽位根据石材的大小而定，距离边端大于等于石材板厚的 3 倍，且不小于 180mm；挂件间距不大于 600mm；边长不大于 1m 时，每边设两个挂件。石材开槽后无损坏或崩裂的现象，槽口打磨成 45° 倒角，槽内光滑、洁净，为减少作业面污染，在加工区统一开槽，挂件与石材连接牢固，填补环氧树脂结构胶。

成品保护 石材板面安装完毕，为防止将板面划伤，需确保无施工材料、器具、木梯等杂物倚靠石材板面现象。在石材阳角的转角处安装护角，防止搬运物品时将石材阳角破坏。

验收 本工程石材墙面表面平整度不小于 2mm、立面垂直度不小于 2mm、接缝直线度不小于 2mm、接缝高低差不小于 0.5mm，墙面石材无任何修补和破损现象。

· 地面石材

共享大堂石材地面施工面积大，与大厅各个入口的对应关系多，要整体测尺放线排模，规划每块石材与周边的接缝位置，确定石材的规格和纹路，严格控制色差。

地面石材铺装施工工艺流程：工厂加工、试拼→弹线→试排→基层处理→铺砂浆→铺石材→灌缝、擦缝→养护→研磨、结晶→验收。

作战指挥中心

吊顶主要材料为 2.5mm 厚穿孔吸声铝板。

墙面为 2.5mm 厚仿木色、灰、白色吸声穿孔铝板，局部墙面为 12mm 厚钢化玻璃隔墙及双层 12mm 厚石膏板。

大堂地面采用瓷砖面抗静电地板，总指挥室也为抗静电地板。

吊顶以镀锌角钢为吊杆和反支撑，加强顶棚整体的稳定性，暗槽灯带选用 A 级软膜顶棚，出光均匀。

作战指挥中心大厅

情报预警平台中景

墙面以 40mm × 40mm 镀锌方通为骨架。使用插接及悬挂方式安装铝板饰面。墙面暗槽灯带预设铝合金框、乳白色亚克力插接方式安装。U 形内嵌式铝合金踢脚板与钢骨架拉锚固定。

铝板吊顶施工工艺流程：弹顶棚标高水平线、画龙骨分档线 → 固定吊挂杆→安装边龙骨→安装主龙骨→安装次龙骨→罩面板安装。

作战指挥中心整体铝板标识墙；木纹转印穿孔铝板墙面铝扣板吊顶；3mm 厚铝板吊顶；接缝及阴阳角顺畅平直，铝板包圆柱及圆形跌级顶整体圆润、接缝无误差。

铝板墙面施工工艺流程：测量放线→安装沿地、沿顶龙骨→安装竖向龙骨→安装通贯龙骨及横撑（水平龙骨）→饰面板的罩面铺钉→验收。

瓷砖装饰静电地板，地面安装牢靠，缝隙均匀紧实。各种材质收边、收口、阴阳角处理得当，无打胶遮缝，彰显现代工业化施工的高精准。

瓷砖装饰静电地板地面安装施工工艺流程：基层处理→找中套、分格弹线→安装支座、横梁组件→铺活动地板→瓷砖装饰静电地板→验收。

情报预警平台

情报预警平台作为天津市公安局的预判中心，保密性是一大特点，因此在装修选材上，顶棚及立墙选用了穿孔铝板内加岩棉。

吊顶采用 2.5mm 厚氟碳喷涂穿孔铝板吊顶、A 级软膜顶棚灯具。

墙面为 2.5mm 厚冲孔铝板、12mm 厚钢化玻璃隔断、2.5mm 厚木纹转印冲孔铝板。

地面使用静电地板、600mm × 600mm 块毯饰面。

· 铝板吊顶

铝板吊顶施工工艺流程：弹顶棚标高水平线、画龙骨分档线→固定吊挂杆→安装边龙骨→安装主龙骨→安装次龙骨→罩面板安装→设备安装→验收。

弹顶棚标高水平线、画龙骨分档线 用水准仪在房间内每个墙（柱）角上抄出 + 500mm 水平点（若墙体较长，中间也应适当抄几个点），弹出水准线，从水准线量至吊顶设计高度加上金属板的厚度和折边的高度，用粉线沿墙（柱）弹出吊顶中龙骨、边龙骨的下皮线。按吊顶平面图，在混凝土顶板弹出主龙骨的位置。主龙骨宜平行房间长向安装，一般从吊顶中心向两边分，间距为 900 ~ 1200mm，一般取 1000mm 为宜。如遇到梁和管道固定点大于设计和规程要求，应增加吊杆的固定点。

固定吊挂杆件 采用膨胀螺栓固定吊挂杆件。吊杆采用 ϕ8 的吊杆，可以采用冷拔钢筋或盘圆钢筋，但采用盘圆钢筋应采用机械将其拉直。吊杆的一端用角钢焊接（角钢的孔径应根据吊杆和膨胀螺栓的直径确定），另一端可以用攻丝套出丝扣，丝扣长度不小于 100mm，也可以买成品丝杆与吊杆焊接。制作好的吊杆应作防锈处理。吊杆用膨胀螺栓固定在楼板上，用冲击电锤打孔，孔径应稍大于膨胀螺栓的直径。灯具、风口及检修口等应设附加吊杆。大于 3kg 的重型灯具、电扇及其他重型设备严禁安装在吊顶工程的龙骨上，应另设吊挂件与结构连接。

安装边龙骨 边龙骨应按弹线安装，沿墙（柱）上的边龙骨控制线把 L 形镀锌轻钢条用自攻螺钉固定在预埋木砖上，如为混凝土墙（柱）上可用射钉固定，射钉间距应不大于吊顶次龙骨的间距。

安装主龙骨 主龙骨应吊挂在吊杆上。主龙骨间距 900 ~ 1200mm，主龙骨采用 40×40 型钢龙骨，与吊杆用专用吊卡或螺栓（铆接）连接。起拱高度为房间短跨度的 1/500。主龙骨的悬臂段不应大于 300mm，否则应增加吊杆。主龙骨的接长应采取对接，相邻龙骨的对接接头要相互错开。相邻主龙骨吊挂件正反安装，以保证主龙骨的稳定性，主龙骨挂好后应调平。

安装次龙骨 次龙骨间距根据设计要求施工。使用产品厂家提供的专用次龙骨，与主龙骨直接连接，与吊杆用专用吊卡或螺栓连接。用 T 形镀锌铁片连接件把次龙骨固定在主龙骨上时，次龙骨的两端应搭在 L 形边龙骨的水平翼缘上。在通风、水电等洞口周围应设附加龙骨，附加龙骨的连接用拉铆钉铆固或螺钉固定。

罩面板安装 顶棚罩面采用 2.5mm 厚穿孔吸声铝板。将板材加工折边，在折边上加上角钢，再将板材用拉铆钉固定在龙骨上，可以根据设计要求留出适当的胶缝，在胶缝中填充泡沫塑料棒，然后打密封胶。在打密封胶时，应先用美纹纸将饰面板保护好，待胶打好后，撕去美纹纸带，清理板面。

设 备 安 装 饰面板上的灯具、烟感、温感、喷淋头、风口、广播等设备的位置应合理、美观，与饰面的交接应吻合、严密。并做好检修口的预留，使用材料宜与母体相同，安装时应严格控制整体性、刚度和承载力。

验　　收 本工程铝板吊顶罩面板应无脱层、翘曲、折裂、缺棱掉角等缺陷，安装连接牢固、平整，色泽一致，整体质量水平高于国家验收标准。

· 地面地毯

地面地毯装饰静电地板，应安装牢靠，缝隙均匀紧实。地毯切割边应设不符合模数的板块，其不足部分在现场根据实际尺寸将板块切割后镶补，并配装相应的可调支撑和横梁。切割边应按设计要求进行处理后安装，并不得有局部膨胀变形情况。各种材质收边、收口、阴阳角处理得当，无打胶遮缝，彰显现代工业化施工的高精准。

地毯装饰静电地板安装施工工艺流程：基层处理→找中套、分格弹线→安装支座、横梁组件→铺活动地板→地毯铺设准备→弹线套方、分格定位→地毯剪裁→铺衬垫→铺地毯→细部处理收口→验收。

电视电话会议室及党委会议室

吊顶材质：600mm×1200mm 吸声矿棉板、石膏板、乳胶漆。

墙面材质：木质烤漆装饰线、布艺软包墙面、木质烤漆踢脚板、2.5mm 厚铝单板。

地面材质：600mm×600mm 抗静电地板、办公块毯、不锈钢压条。

纸面石膏板吊顶工艺流程：抄平、放线→排板、分格→安装边龙骨→吊筋安装→安装主龙骨→安装次龙骨、横撑龙骨→安装基层纸面石膏板→安装面层纸面石膏板→点防锈漆、补缝、粘贴专用纸带→验收。

墙面的隔声是重中之重。墙面以 40mm×80mm 钢制方通为结构框架，使用 50 角钢与墙面埋板焊接固定、75mm 轻钢龙骨与框架固定，大芯板基层、使用成品挂件固定软包面板。

墙面和顶棚已基本完成，墙面和细木装修底板做完，开始做面层装修时插入软包墙面镶贴装饰和安装工程。

软包安装工艺流程：基层或底板处理→吊直、套方、找规矩、弹线→计算用料、截面料→粘贴面料→安装贴脸或装饰边线、刷镶边油漆→修整软包墙面。

2 号楼

报告厅

整体色调搭配端庄而隆重，弧形顶棚与座椅排布交相呼应，渐变式的跌级吊顶把整个报告厅焦点引向主席台。

报告厅内景

报告厅墙面吊顶细部

吊顶材质：吊顶主要采用石膏板、白色及灰色乳胶漆饰面。

墙面材质：墙面首层使用烤漆木挂板、木纹转印穿孔吸声铝板，二层以上使用布艺软包，楼梯及护栏使用烤漆木扶手。

地面材质：地面为针织地毯和舞台地板。

石膏板吊顶

吊顶以 40mm × 40mm 镀锌方通和 40 镀锌角钢为骨架，内设检修马道。传统轻钢龙骨石膏板吊顶、对顶板阴、阳角位置使用 7 字形整板套割工艺，延年且不易开裂。

石膏板吊顶施工工艺流程：抄平、放线→排板、分格→安装边龙骨→吊筋安装→安装主龙骨→安装次龙骨、横撑龙骨→安装基层纸面石膏板→安装面层纸面石膏板→点防锈漆、补缝、粘贴专用纸带→验收。

墙面以 40mm × 80mm 钢制方通为结构框架，使用 50 角钢与墙面埋板焊接固定、75 轻钢龙骨与框架固定，内填无纺布面吸声岩棉，大芯板基层，安装成品挂件及木挂板饰面。

木饰面板安装施工工艺流程：测量放线→安装沿地、沿顶龙骨→安装沿墙（柱）竖龙骨→安装通贯龙骨及横撑（水平龙骨）→饰面板的罩面铺钉→验收。

报告厅的地面采用了针织地毯，舞台的地板则采用了经久耐磨、美观实用的舞台专用地板。

3 号楼

机关大餐厅

吊顶采用 50 轻钢龙骨，ϕ 8 吊杆，40 角钢做反向支撑，半暗式 T 骨吊 600mm × 1200mm 吸声矿棉板和 9.5mm 厚双层石膏板饰面。

墙面做 1.7m 高木质吸声板，实木收口线，1.7m 以上为基础墙面刮腻子刷乳胶漆。

地面使用 800mm × 800mm 地砖。

机关大餐厅

顶棚面积较大，高度较高，控制石膏板吊顶及矿棉板的平整度是工程的重点。采用轻钢龙骨代替大芯板，减少了吊顶变形并保证了平整度。顶板阴阳角位置使用 T 字形整板套割工艺，不易开裂。

矿棉板吊顶施工工艺：顶棚标高弹水平线→固定吊挂杆件→在梁上设置吊挂杆件→安装边龙骨→安装主龙骨→安装次龙骨→安装罩面板→验收。

机关大餐厅是公安局全局职工集中用餐的场所，地面材质的要求就是美观、整齐、耐磨，因此采用了硬度较高的 800mm × 800mm 全瓷抛光瓷砖。

宴会厅

吊顶使用：12mm 厚石膏板吊顶、A 级软膜顶棚、成品石膏线。

墙面材质为布艺软包墙面、600mm × 1200mm 干挂瓷砖。

地面提花针织毯。

双层石膏板吊顶、跌级灯池底面石膏板采用十字形整版套割。暗槽灯带灯具排布和间距一致，出光均匀。

预制模块吊顶施工工艺流程：测量放线→吊顶模块预制→吊杆安装→吊顶模块安装→面层处理→设备安装→后期处理。

墙面以 50mm × 100mm 方通和 50 镀锌角钢为干挂瓷砖、软包墙面的框架，干挂瓷砖阳角采用背倒边工艺。软包墙面以大芯板做基层使用成品挂架进行安装。预留开关面板根据板材模数进行微调。

宴会厅

吊顶效果图

局部效果

墙面石膏板安装工艺流程：弹线→墙龙骨分档线→罩面板安装→验收。

色调鲜明、定制软膜顶棚灯具简洁、大方又具有装饰效果，鲜艳的提花地毯平添一份活跃氛围。

5 号楼

民生大堂

吊顶材质为穿孔铝板、9.5mm 石膏板吊顶、亚克力暗槽灯带。

墙面材质为穿孔铝板墙面、双层带百叶玻璃隔墙。

地面材质为抗静电地板、600mm × 600mm 办公块毯。

铝板吊顶使用勾搭工艺，9.5mm 厚双层石膏板吊顶，吊顶以 40 镀锌角钢为吊杆和反支撑，加强整体顶棚的稳定性，暗槽灯带选用 A 级软膜顶棚，出光均匀。墙面以 40mm × 40mm 镀锌方通为骨架。使用插接及悬挂方式安装铝板饰面。墙面暗槽灯带预设铝合金框、乳白色亚克力插接方式安装。U 形内嵌式铝合金踢脚板与钢骨架拉锚固定。铝板吊顶使用勾搭工艺、9.5mm 厚双层石膏板吊顶。

铝板吊顶施工工艺流程：弹顶棚标高水平线、画龙骨分档线→固定吊挂杆件→安装边龙骨→安装主龙骨→安装次龙骨→罩面板安装→设备安装→验收。

墙面使用 40mm × 60mm 镀锌方通、用 40 镀锌角码与墙面固定，使用铝合金挂件安装铝板。

铝板墙面安装施工工艺流程：测量放线→安装沿地、沿顶龙骨→安装竖向龙骨→安装通贯龙骨及横撑（水平龙骨）→安装罩面板→验收。

天津市中心城区轨道交通综合控制中心项目装修工程

项目地点

天津西青区规划四环路东侧与自来水河南侧，地铁 3 号线华苑车辆段用地西北角

工程规模

总占地约 15630 m^2，建筑面积约 80000m^2，其中地上建筑面积 65000 m^2，地下建筑面积 15000 m^2，装修面积 24276 m^2。地上 5 层，地下 1 层，框架结构，最大高度 34m，最大基坑深度 4.8m。用以容纳 22 条线路的线路控制中心

建设单位

天津市地下轨道集团有限公司

开竣工时间

2015 年 7 月 10 日 ~ 12 月 31 日

大堂

设计特点

本项目为天津市轨道交通综合控制中心，包括普通办公室、敞开式办公室、会议室、指挥控制中心 (OCC) 大厅、综合报告厅、餐厅、厨房、图书馆等功能用房。突出办公、窗口、指挥的功能，设计从简洁、适用、环保、节约的角度出发，优化使用功能与人流动线，提高使用效率。采用成熟、实用、绿色、节能的装饰材料和工艺做法，结合严格的管理和精细的施工，为业主提交满意的工程，争创国家优质工程“鲁班奖”。

功能空间

本工程由 5 层组成，首层包括大堂、报告厅、接待室（精装）；2 层包括会议室（精装）、10 条线线路机房及附属用房、线网办公 (简装)；3 层包括运营专业测试平台，OCC 大厅机房，办公、运营各部门办公用房（简装）；4 层包括运营专业测试平台，OCC 大厅及附属办公，运营各部门办公用房（简装）；5 层包括应急指挥中心（精装）人力资源培训教室运营值班，学习室（简装）。

首层

大堂

吊顶采用型钢龙骨、双层 9.5 mm 纸面石膏板、LED 节能筒灯、LED 灯带，环保乳胶漆饰面。

墙面选用 25mm 厚诺娃米黄石材，圆柱采用四拼弧形板材，柱身为厚诺娃米黄石材，不锈钢电梯口套，热镀锌钢骨架结构，不锈钢弯钩挂件。

地面铺设 20mm 厚诺娃米黄石材，20mm 厚浅啡网材波打线。

· 吊顶

吊顶面积大，难点是确保石膏板块之间间距相等，保持板中与柱中在同一垂直线上。

石膏板吊顶施工工艺流程：基层处理→测量放线→安装吊筋→安装主龙骨→安装副龙骨→安装横撑龙骨→安装石膏板→面层处理→设备安装→后期处理。

基层清理 吊顶施工前将管道洞口封堵处，清理干净顶上的杂物。

测量放线 根据每个房间的水平控制线确定图示吊顶标高线，并在墙顶上弹出吊顶龙骨线作为安装的标准线，以及在标准线上画好龙骨分档间距位置线。

安装吊筋 根据施工图纸要求和施工现场情况确定吊筋的大小和位置，吊筋加工要求钢筋与角钢焊接，其双面焊接长度不小于 4cm 并将焊渣清除干净，在吊筋安装前必须先刷防锈漆；安装吊筋焊接角钢一般为∟40×4，吊筋采用 ϕ8 镀锌钢筋。顶棚骨架安装顺序是先高后低，角钢打孔后用膨胀螺栓固定在结构顶板上，一般膨胀螺栓规格为 ϕ8。吊点间距 900 ~ 1000mm，吊杆间距不超过 1000mm。安装时上端与预埋件焊接或者用膨胀螺栓固定，下端套丝后与吊件连接。套丝一般要求长度为 10cm，便于调节吊顶标高和起拱，并且安装完毕的吊杆端头外露长度不小于 3mm。

安装主龙骨 吊顶可采用 U38 主龙骨，吊顶主龙骨间距为 900 ~ 1000mm，沿房间短向布置，同时应起拱。端头距墙 200mm 以内，安装主龙骨时，将主龙骨用吊挂件连接在吊杆上，拧紧螺钉，要求主龙骨连接部分增设吊点，用主龙骨接件连接，接头和吊杆方向也要错开。并根据现场吊顶的尺寸，严格控制每根主龙骨的标高。随时拉线检查龙骨的平整度，不得有悬挑过长的龙骨。

吊顶

安装副龙骨 副龙骨间距为 ±400mm，两根相邻副龙骨端头接缝不能在一条直线上，副龙骨采用其相应的吊挂件固定在主龙骨上。副龙骨为 C50 型龙骨，根据吊顶的造型进行叠级安装，采用吊挂件，将副龙骨吊挂在主龙骨上。注意吊灯、窗帘盒、通风口周围必须加设副龙骨。

安装横撑龙骨 在两块石膏板接缝的位置安装 C50 横撑龙骨，间距 1200mm。横撑龙骨垂直于副龙骨方向，采用水平连接件与副龙骨固定。石膏板接头处必须增设横撑龙骨。

安装石膏板 在吊顶龙骨安装经验收合格后，方可进入罩面板铺钉工序。纸面石膏板的安装应注意下列要点：①纸面石膏板的长边（即包封边）应沿纵向次龙骨铺设，安装时用木支撑临时支撑，使板与龙骨压紧，射钉固定完，方可撤销支撑。从吊顶一端开始依次安装，接缝错开。②射钉与纸面石膏板边的距离，用面纸包封的板边以 10 ~ 15mm 为宜，切割的板边以 15 ~ 20mm 为宜。③钉距以 150 ~ 170mm 为宜，螺钉应与板面垂直，已弯曲、变形的螺钉应剔除，并在相隔 50mm 的部位另安以螺钉。④安装双层石膏板，面层板与基层板的接缝应错开，不得在一根龙骨上，面层板安装时，遇转角处，纸面石膏板应裁成“7”字形，不得直缝连接。⑤纸面石膏板与龙骨固定，应从板的中间向四边进行，不得多点同时作业。⑥螺钉钉头宜埋入板面 0.5 ~ 1mm，但不得损坏纸面，钉眼应作防锈处理并用石膏腻子抹平。

面层处理 对石膏板、石膏线的连接部位填充嵌缝石膏并满铺网格布，批腻子打磨，表面刷一遍乳胶漆，检查并进行修补，喷第二遍乳胶漆。

设备安装 清理吊顶内的灰尘、杂物，安装筒灯、灯带，进行灯光的调试。

后期处理 检查修补饰面乳胶漆。本工程石膏板吊顶表面平整度不大于 3mm、接缝直线度不大于 3mm、接缝高低差不大于 1mm，LED 灯带无阴影、照度均匀，乳胶漆涂刷均匀，从各角度看无刷痕、无开裂、无变形现象，验收合格后拆除脚手架。

·墙面石材

大堂墙面石材施工面积大，难点是墙面石材与地面石材有交接面，要整体规划每块石材与周边的接缝位置，保证顺缝，确保石材纹路一致，并严格控制色差。

墙面石材挂装施工工艺流程：结构尺寸检验、测量→绘制石材排模及加工图→石材加工→现场安装镀锌埋板→龙骨焊制→安装石材板→成品保护→验收。

·地面石材

大堂石材地面施工面积大，与大厅各个入口的对应关系多，要整体测尺放线排模，规划每块石材与周边的接缝位置，确定石材的规格和纹路，严格控制色差。

报告大厅实景

地面石材铺装施工工艺流程：工厂加工、试拼→弹线→试排→基层处理→铺砂浆→铺石材→灌缝、擦缝→养护→研磨、结晶→验收。

报告大厅

吊顶采用型钢龙骨、双层 9.5 mm 纸面石膏板、LED 节能筒灯、LED 灯带，环保乳胶漆饰面。

墙面材料为 15mm 厚成品木挂板、18mm 防火多层板，布艺硬包墙面。

地面材料为 20mm 厚诺娃米黄石材演讲台，满铺阻燃地毯。

· 吊顶

吊顶面积大，难点是控制石膏板块与板块之间间距，LED 灯带在灯槽的位置，以及与两侧木柱的关系。

石膏板吊顶施工工艺流程：基层处理→测量放线→安装吊筋→安装主龙骨→安装副龙骨→安装横撑龙骨→安装石膏板→面层处理→设备安装→后期处理。

大堂墙面效果

石膏板吊顶效果

墙面木挂板效果

·墙面木挂板

墙面木挂板施工面积大，难点是保证墙面木纹、颜色无色差，板块与板块之间棱角方正，线条顺直。

木挂板墙面施工工艺流程：找线定位→复核预埋件及洞口→铺涂防潮层→龙骨配制与安装→钉装面板。

找线定位 木护墙、木筒子板安装前，应根据设计图要求，先找好标高、平面位置、竖向尺寸，进行弹线。

复核预埋件及洞口 弹线后检查预埋件、木砖是否符合设计及安装的要求，主要检查排列间距、尺寸、位置是否满足钉装龙骨的要求；量测门窗及其他洞口位置、尺寸，确认是否方正垂直、与设计要求是否相符。

铺涂防潮层 设计有防潮要求的木护墙、木筒子板，在钉装龙骨时应压铺防潮卷材，或在钉装龙骨前进行涂刷防潮层的施工。

龙骨配制与安装 木护墙龙骨。①局部木护墙龙骨：根据房间大小和高度，可预制成龙骨架，整体或分块安装。②全高木护墙龙骨：首先量好房间尺寸，根据房间四角和上下龙骨的位置，将四框龙骨找位，钉装平、直，然后按设计龙骨间距要求钉装横竖龙骨。木护墙龙骨间距：当设计人员要求时，一般横龙骨间距为 400mm，竖龙骨间距为 500mm。如面板厚度在 15mm 以上，横龙骨间距可扩大到 450mm。木龙骨安装必须找方、找直，骨架与木砖间的空隙应垫以木垫，每块木垫至少用两个钉子钉牢，在装钉龙骨时预留板面厚度。

木筒子板龙骨。根据洞口实际尺寸，按设计规定骨架料断面规格，可将一侧筒子板骨架分三片预制：洞顶一片，两侧各一片。每片一般为两根立杆，当筒子板宽度大于 500mm 时，中间应适当增加立杆，横向龙骨间距不大于 400mm；面板宽度为 500mm 时，横向龙骨间距不大于 300mm。龙骨必须与固定件钉装牢固，表面应刨平，安装后必须平、正、直。防腐剂配制与涂刷方法应符合有关规范的规定。

钉装面板 面板选色配纹：全部进场的面板材，使用前按同房间、临近部位的用量进行挑选，使安装后木纹、颜色大体一致。

裁板配制：按龙骨排尺，在板上画线裁板，原木材板面应刨净；胶合板、贴面板的板面严禁刨光，小面皆须刮直。面板长向对接配制时，必须考虑接头位于横龙骨处。原木材的面板背面应做卸力槽，一般卸力槽间距为 100mm，槽宽 10mm，槽深 4 ~ 6mm，以防板面扭曲变形。

面板安装：对龙骨位置、平直度、钉设牢固情况、防潮构造要求等进行检查，合格后进行安装。面板配好后进行试装，面板尺寸、接缝、接头处构造完全合适，木纹方向、颜色的观感尚可的情况下，才能进行正式安装。面板接头处应涂胶与龙骨钉牢，钉子规格应适宜，钉长约为面板厚度的 2 ~ 2.5 倍，钉距一般为 100mm，钉帽应砸扁，并用尖冲子将针帽顺木纹方向冲入面板表面下 1 ~ 2mm 。

钉贴脸：贴脸料应进行挑选，花纹、颜色应与框料、面板近似。贴脸规格尺寸、宽窄、厚度应一致，接槎应顺平，无错槎。

· 地毯

报告厅满铺地毯施工面积大，难点是控制地毯表面平整、洁净，无松弛、起鼓、皱折、翘边等缺陷；地毯接缝黏结应牢固，发缝严密，无明显接头、离缝，颜色、光泽一致，无明显错花、错格现象；地毯大面应平整服帖，不应有明显起皱处，地毯与墙边的接合处应平齐，不应有波浪边现象，门口处的地毯或地毯对缝都应处在门扇关闭时的下边，铝压条应在地面固定，地毯四周应嵌挂牢固、整齐，门口、进口处收口应顺直、稳固，踢脚板处塞边须严密，封口应平整。

地面地毯施工工艺流程：清理基层→裁剪地毯→钉木卡条、压条→接缝处理→铺接工艺→修整清理。

报告厅地毯效果

清理基层 铺设地毯的基层要求有一定的强度；基层表面必须平整，无凹凸不平、麻面、裂缝；清理地面附着的各类浮土杂物，保持干燥、清洁，如有油污，须用丙酮或松节油擦洗干净，高低不平处应先用水泥砂浆填嵌平整；木地板铺设地毯，应注意钉头、木刺，以免损伤地毯。

裁剪地毯 根据房间大小，长宽净尺寸即为裁毯下料的依据，要将房间和对应用毯的编号逐一登记；精确测量好所铺地毯部位的细部尺寸及铺设方向后进行地毯裁切，用裁边机从长卷上裁下地毯；每段地毯要比房间长 20mm，宽度要以裁去地毯边缘线后的尺寸计算，裁切前先在地毯背面弹出尺寸线，从毯背裁切，裁好后卷编上号，运入对号房间。

钉木卡条、压条 采用木卡条（倒刺板）固定地毯时，沿房间四周靠墙角 1～2cm 处，将卡条固定在基层上，然后铺设胶垫材料，要求满铺。胶垫接缝可贴胶纸连接，胶纸粘贴间距以能满足胶垫层的整体性要求即可；在房间门口，为不使地毯被踢起和边缘受损，影响美观，常用铝合金卡条固定，卡条、踢条内有倒刺扣牢地毯，踢条的长边与地面固定，待铺上地毯后，将短边打下，紧压住地毯面层；卡条和压条可用钉条、螺钉、射钉固定在基层上。

接缝处理 地毯是背面接缝，接缝时将地毯翻过来，使两条缝平接，缝线后刷白胶，贴牛皮胶纸，缝线应结实，针脚不必太密；也可用胶带接缝，先将胶带按地面弹线铺好，两端固定，将两侧地毯的边缘压在胶带上，熨斗熨烫使胶质溶解，随着熨斗移动，用扁铲碾压平实，使地毯牢固地连接在一起；最后用电铲修整地毯正面不齐的绒毛。

铺接工艺 对裁切与缝合完毕的地毯要进行拉伸。将地毯的一条长边固定在倒刺板上，将地毯的毛边掩到踢脚板下面，充分利用地毯撑子（或称张紧器）对地毯进行拉伸，可重复拉伸，直到拉平为止，然后将地毯固定在倒刺板或铝合金条上，将毛边掩好。多出的地毯用裁刀割掉，然后再进行另一个方向的拉伸，直至将地毯四边都固定在倒刺板上，并将毛边掩到踢脚板下面。

修整清理 地毯完全铺好后，用搪刀裁去多余部分，用扁铲将地毯边缘塞入卡条和墙壁之间的缝隙中，用吸尘器吸净灰尘，完工后应禁止人员大量走动。

接待室

吊顶采用型钢龙骨、双层 9.5 mm 纸面石膏板、LED 节能筒灯、LED 灯带、LED 平板灯，环保乳胶漆饰面。

墙面材料为 15mm 厚成品木挂板、18mm 防火多层板，布艺硬包墙面。

地面材料为满铺阻燃地毯。

二层

会议室

吊顶采用型钢龙骨、双层 9.5 mm 纸面石膏板、LED 节能筒灯、LED 灯带、LED 平板灯，环保乳胶漆饰面。

墙面材料为 15mm 厚成品木挂板、18mm 防火多层板。

地面材料为满铺阻燃地毯。

五层

应急指挥中心

吊顶采用型钢龙骨、双层 9.5 mm 纸面石膏板、2.5mm 厚氟碳喷涂冲铝板、LED 节能筒灯、LED 灯带、风口百叶，环保乳胶漆饰面。

墙面材料为 12mm 厚钢化玻璃隔断、织物硬包、实木踢脚、环保乳胶漆饰面。

地面材料为满铺阻燃地毯。

· 吊顶

吊顶面积大，顶内设备多，难点在于控制铝板之间板缝顺直无错动，板块之间无色差，取得理想的视觉效果。

接待室

二层会议室

应急指挥中心

指挥室的玻璃隔断

铝板吊顶施工工艺流程：弹顶棚标高水平线、画龙骨分档线→固定吊挂杆→安装边龙骨→安装主龙骨→安装次龙骨→铝板安装→灯具设备工程→后期处理。

· 玻璃隔断墙面

指挥室一部分墙面为成品玻璃隔断，施工面积大且呈弧形，安装难度高，难点在于控制玻璃之间的角度和缝隙以便形成美观的圆弧。

玻璃隔断墙施工工艺流程：现场定位放线→天地龙骨安装→玻璃面板安装→成品保护。

现场定位放线 根据图纸对现场的轴线、标高进行测量，校核误差。

天地龙骨安装 依据图纸及实地放线位置，用胀栓将地龙骨固定于地坪上（须用电钻钻孔，埋入塑料塞，以螺钉固定，固定点间隔约 1000mm，需先在两端约 100mm 处固定）。

以水平仪扫描地龙骨，将天龙骨平行放置于楼板或顶棚下方，然后用 50mm 自攻螺钉固定，固定点间隙约 600mm。

玻璃面板安装 将玻璃内面擦拭干净，用吸盘将玻璃面板直立，下端放入地龙骨内一侧的木垫块上，将玻璃整体安放在龙骨框架内，用小块扣条作临时固定，调试完毕后将另一面玻璃擦拭干净，用同样方法安装。

成品保护 安装好的面板、玻璃及配件，应防止损坏、破损及丢失、污染，玻璃面板安装好后须贴警示条。

· 硬包墙面

硬包墙面施工工艺流程：基层或底板处理 → 吊直、套方、找规矩、弹线 → 计算面料、套裁填充料和面料 → 粘贴面料 → 安装贴脸或装饰边线→ 修整布艺硬包墙面。

基层或底板处理 凡做布艺硬包墙面装饰的房间基层，大都是事先在结构墙上预埋木砖、抹水泥砂浆找平层、刷喷冷底子油、铺贴一毡二油防潮层、安装 50mm×50mm 木墙筋（中距 450mm）、上铺胶合板，此基层或底板处理是该房间的标准做法。如采取直接铺贴法，基层必须作认真处理，方法是先将底板拼缝用油腻子嵌补密实，满刮腻子 1 ~ 2 遍，待腻子干燥后用砂纸磨平，粘贴前，在基层表面满刷清油一道。

吊直、套方、找规矩、弹线 根据设计图纸要求，把该房间需要布艺硬包墙面的装饰尺寸、造型等通过吊直、套方、找规矩、弹线等工序，把实际设计的尺寸与造型放样到墙面上。

计算用料、套裁填充料和面料 首先根据设计图纸的要求，确定布艺硬包墙面的具体做法。一般做法有两种：一是直接铺贴法（此法操作比较简便，但对基层或底板的平整度要求较高），二是预制铺贴镶嵌法（此法有一定的难度，要求必须横平竖直、不得歪斜，尺寸必须准确等，故需做定位标志以利于对号入座）。然后按照设计要求进行用料计算和底材（填充料）、面料套裁工作。要注意同一房间、同一图案与面料必须用同一卷材料和相同部位（含填充料）套裁面料。

粘贴面料 如采取直接铺贴法施工，应待墙面细木装修基本完成、边框油漆达到交工条件时，方可粘贴面料；如采取预制铺贴镶嵌法，可事先进行粘贴面料工作。首先按照设计图纸和造型的要求，先粘贴填充料（如泡沫塑料、聚苯板、矿棉、木条、胶板等），按设计用料（黏结用胶、钉子、木螺钉、电化铝帽头钉、铜丝等）把填充垫层固定在预制粘贴镶嵌底板上，然后把面料按照定位标志找好横竖坐标上下摆正，首先把上部用木条加钉子临时固定，然后把下端和两侧位置找好，便可按设计要求粘贴面层。

安装贴脸或装饰边线 根据设计选择加工好的贴脸和装饰边线，应按设计要求先把油漆刷好（达到交工条件），然后安装事先预制的装饰板。经过试拼达到设计要求和效果后，便可与基层固定，安装贴脸或装饰边线，最后修刷镶边油漆成活。

修整布艺硬包墙面 如果布艺硬包墙面施工安排靠后，其修整布艺硬包墙面工作比较简单。如果施工插入较早，由于增加了成品保护膜，则修整工作量较大，如增加了除尘清理、钉粘保护膜的钉眼和胶痕处理等。

办公室与办公区域走道

吊顶采用型钢龙骨、双层 9.5 mm 纸面石膏板、LED 灯带、环保乳胶漆饰面。

墙面材料为环保乳胶漆饰面，木挂板门套，石材踢脚。

地面材料为 800mm × 800mm 玻化瓷砖。

走道吊顶面积大， 难点在于控制石膏板吊顶不下坠、不开裂。

办公区域过道

石膏板吊顶施工工艺流程：基层处理→测量放线→安装吊筋→安装主龙骨→安装副龙骨→安装横撑龙骨→安装石膏板→面层处理→设备安装→后期处理。

墙面施工面积大，难点在于施工后保证墙面平整度、有效防止墙面开裂。

乳胶漆墙面施工工艺流程：清理墙面→涂刷基层处理剂→修补墙面→刮第一遍腻子→刮第二、第三遍腻子→辊第一遍底涂→辊第二遍面涂→辊第三遍面涂。

瓷砖地面施工面积大，难点在于整体排模放线。

天津地铁 1 号线东延至国家会展中心项目装饰装修工程

项目地点

天津市津南区

工程规模

天津地铁 1 号线东延至国家会展中心项目，起自双林站，止于双桥河站，线路全长 15.86km，全线共设 11 座车站。四标段：东沽公路站、咸水沽北站、双桥河站。本标段装修面积约为 $16636m^2$

建设单位

天津市地下轨道集团有限公司

开竣工时间

2017 年 2 ~ 6 月

站厅层精装效果

设计特点

标准车站整体造型装饰风格采用简洁明快的黑白灰色调，墙面顶部红色的线路色贯穿，体现了 1 号线的个性元素。现代简约的手法展现了地域文化及区域文化。

综合地铁现有的设施进行系统设计，使形式、功能、造型达到最优。整合设备管线，尽量将空间高度加大，为空间装饰最终的效果奠定基础。特别是双林站改为半地上半地下结构，地面厅吊顶空间达到前所未有的 8m。

所有装饰材料燃烧性能等级达到 A 级，且尺寸规格采用模块化设计，便于施工的同时给人标准化的美。墙面顶面为组合式金属体系，构造拆装灵活，具有防共振、防脱落、安全可靠的特点。特别是墙面铝板取消了横缝，做成一块整板，采用 A 字龙骨，墙面每块铝板可单独自由拆卸。地面大面积采用高耐磨瓷砖，防水防潮。设置了触觉引导盲道及导向自发光疏散指示，出入口罩棚地面及楼梯踏步都采用防滑水冲石材，保障乘客出行安全。

功能空间

工程由站厅及站台组成，站厅包括站厅层付费与非付费区、出入口通道。

站厅

付费区与非付费区

吊顶采用型钢龙骨，深灰色铝格栅、铝型材，1.0 mm 深灰平面铝单板，LED 平板灯，LED 节能方筒灯，1.5mm 平面铝单板。

墙面选用 20mm 烤瓷蜂窝铝板，方柱采用四拼 L 形 20mm 烤瓷蜂窝铝板，基座为 20mm 深灰麻石材，热镀锌钢骨架结构，蜂窝板专用 A 字形卡骨，20mm 深灰麻石材踢脚线，护栏采用 304 钛黑不锈钢立柱，304 钛黑不锈钢圆管扶手，钢化夹胶安全玻璃。

地面铺设 800mm × 800mm 仿白麻全瓷瓷砖，20mm 厚水冲面白麻石材波打线，白麻镶嵌不锈钢盲道，30mm 白麻石材水沟篦子盖板。

· 吊顶

铝型材跨度大，顶面带坡，难点是控制铝型材之间的间距，使之与平板灯四周间距相等，成型后调平处理，使组合起来的型材保持一条直线。

轻钢龙骨金属吊顶施工工艺流程：测量放线→水、暖、电标高交底及验收→安装吊件→龙骨安装→隐蔽验收→安装罩面板→灯具设备工程→后期处理。

测量放线 根据图纸对现场的轴线、标高、墙柱位置进行测量，校核误差，根据实际尺寸调整图纸，再将图纸上的轴线、完成面、标高线弹到墙面及柱面，并做好明确标记。

水、暖、电标高交底及验收 工程施工前包括吊顶安装的施工过程中，土建、通风、消防、水、电气、信号设备等作业应密切配合。相关单位应做好协调工作。如果在吊顶施工前其他相关专业已施工完毕，则必须对房间的净高、洞口标高和吊顶内的管道、设备及其支架的标高进行交接检验。

安装吊件 搭设龙门架及脚手架，本工程采用 ϕ8 全牙镀锌螺杆，吊顶距离楼板高度大于 1.5m，应加设∟50 角钢作反向支撑处理。吊杆焊口应作防锈处理。

安装吊杆时，吊杆距主龙骨端部距离不得超过 300mm，否则应增设吊杆，以避免主龙骨下坠。当吊杆与设备相遇时，应调整吊点构造和增设吊杆。当吊杆与预埋吊筋进行焊接时，必须采用搭接焊，搭接长度不小于 60mm，焊缝应该均匀饱满。

龙骨安装 ①安装边龙骨：边龙骨的安装应按设计要求弹线，沿墙（柱）上的水平龙骨线把 L 形镀锌轻钢条用自攻螺钉固定在预埋木砖上，如在混凝土墙（柱）上可用射钉固定，射钉间距应不大于吊顶次龙骨的间距。

②安装主龙骨：主龙骨应吊挂在吊杆上。主龙骨间距 900 ~ 1000mm，主龙骨采用 50 大龙骨，主龙骨一般宜平行房间长向安装，同时应起拱，起拱高度为房间跨度的 1/300 ~ 1/200。

主龙骨的悬臂段不应大于 300mm，否则应增加吊杆。主龙骨的接长应采取对接，相邻龙骨的对接接头要相互错开。主龙骨挂好后应基本调平。

跨度大于 15m 以上的吊顶，应在主龙骨上，每隔 15m 加一道大龙骨，并垂直主龙骨焊接牢固。

③安装次龙骨：次龙骨间距根据设计要求施工。条形或方形的金属罩面板的次龙骨，应使用专用次龙骨，与主龙骨直接连接。

金属卡条式吊顶龙骨与条形金属吊顶板配套使用。同金属 T 形龙骨相比，装配时无须更多的连接固定件，金属条板与龙骨结合，只是直接将长形板条卡扣在特制的金属龙骨卡脚上。

根据金属条形板的断面形状及配套材料特点分类，装配后的吊顶饰面有两种基本形式：一是敞开式（或称作敞缝式、明式、开放式），即吊顶面的条板板缝呈开敞状的离缝效果；二是封闭式（或称闭缝式、暗式），条板的截面形状有一端延伸为板材拼接处的缝隙盖板，安装后吊顶面呈整体封闭状态。

金属条形板的卡式安装采用与金属条形板向配套的带卡脚的金属龙骨，在龙骨安装调平的基础上，将条板拖起就位，从一个方向依次卡入安装。先将金属条板的一边压入龙骨卡脚，再顺势将另一边压入相应的卡脚内，条板卡入龙骨后自行回弹扩张，即完成金属条板的卡装固定。

金属吊挂式吊顶龙骨的断面呈 U 形，与板块结合处形成吊挂配件，可使吊顶板很方便地拴接固定。龙骨配有 C 形金属承载龙骨，与覆面 U 形骨的连接采用其配套的挂件或在主龙骨上设挂槽，可将预焊接件穿入使骨架纵横上下连接固定。与龙骨型材相对应，金属块形板的卷边向上，通常有加工时轧出的凸起卡口，可以较精确地嵌入 U 形龙骨的卡槽内，使罩面金属板扣紧挂牢。

隐蔽验收 骨架安装完毕后应进行隐蔽验收，检查各设备单位设备是否已安装齐全，是否已满焊完毕、焊口处是否做完防锈处理，为罩面板的安装奠定基础。

安装罩面板 吊顶模块采用小型电动起重设备吊装到龙门架或脚手架顶部，通过作业平台将模块逐个搬运到吊装位置，与吊杆牢固连接，调整紧固件确保吊杆均匀受力，控制吊顶起拱。

灯具设备工程 清理吊顶内的灰尘、杂物，安装筒灯、平板灯，进行灯光的调试和通电试运行。

后期处理 检查型材间的距离、平整度、铝单板之间是否存在错台，验收合格后拆除龙门架及脚手架。

·墙面铝板施工

站厅层墙面铝板施工面积大，难点是墙面与顶面交接处铝板的接缝。由于墙面与顶面铝板厚度不同，折边角不同，而大面积的施工要求顺缝，需要分别计算出顶板与墙板的尺寸，以确保达到顺缝要求。

墙面铝板施工工艺流程：结构尺寸检验、测量→绘制烤瓷铝板排模及加工图→铝板加工→安装镀锌钢板→龙骨焊制→安装铝板→成品保护→验收。

结构尺寸检验、测量 在铝板排模前，复核土建工程精度，对于其中细微的偏差在排模下料时进行调整，使其不影响整体装饰效果和验收标准。

绘制铝板排模及加工图 根据现场测量的结果，绘制墙面的立面尺寸图及铝板分格图，并进行编号。在图中精确地反映墙面标高尺寸、洞口尺寸以及水电、消防等工程需要预留洞口的位置及尺寸等信息。

站厅内部

站厅内部侧视

铝 板 加 工 根据墙面立面图及烤瓷铝板分格图对烤瓷铝板进行编号，并将编号及烤瓷铝板分格情况表示在立面图上。编号时每个墙面要单独进行编号，相同尺寸之间也要有区别。烤瓷铝板编号图应能反映每一块烤瓷铝板或每一个编号在墙面上的位置，让烤瓷铝板加工商在加工时，能确保同一面墙体相邻的烤瓷铝板之间颜色一致。在加工单中要清楚地注明烤瓷铝板的尺寸、数量、厚度、加工及折边要求、表面处理要求、加工的先后顺序等情况。

安装镀锌埋板 遇到工程墙体为轻质墙体，不能承载干挂石材骨架的荷载时，埋板设在墙体顶部的混凝土梁及楼板上，其中混凝土梁埋板主要起拉结骨架的作用，不做主要承重构件，重量通过骨架底部的埋板传到混凝土楼板上。

龙 骨 焊 制 主龙骨的焊制：本工程采用∟40×3 镀锌钢方通作为竖向主龙骨，龙骨间距为 1000mm，龙骨焊制前要对埋板进行检验，合格后方可施工。在主龙骨焊制时，龙骨的长边应与埋板成垂直方向以增加龙骨的强度，为防止因结构墙体垂直偏差而导致龙骨的偏差，龙骨与埋板固定时应加设钢角码作为连接件。

水平龙骨的焊制：本工程采用∟50×50×5 角钢作为水平龙骨，龙骨垂直间距应符合烤瓷铝板排模尺寸要求。水平龙骨焊制前应进行切割，长度应比主龙骨间距离短 5mm，以便于安装。固定时水平龙骨的一端与主龙骨焊接，另一端与特制钢角码通过 M10 螺栓拴接，再将钢角码焊接到主龙骨上。

防锈处理：本工程所采用的铁件均经过热镀锌处理，骨架经过焊接后要在焊口部位重新进行防锈处理。在对焊口进行防锈处理前，先用小锤将焊口部位清理干净，不得留有焊渣、焊皮等杂质。然后补刷两道防锈漆及一道防锈银浆（需等前一道完全干透后进行），涂刷要饱满均匀，不得漏刷。

安 装 铝 板 烤瓷铝板板面安装时必须严格按照排模编号的顺序自下而上进行安装，相同尺寸之间不得任意替换。安装时，同一面层的墙体必须挂通线。

烤瓷铝板与钢骨架的固定：烤瓷铝板与钢骨架通过烤瓷铝板折边上的铝制角码进行固定。具体安装方法为：用 M6×25 不锈钢螺栓将烤瓷铝板上的角铝固定在框架龙骨上，两块烤瓷铝板之间应按设计要求留出缝隙。

成 品 保 护 铝板板面安装完毕，为防止板面划伤，需确保无施工材料、器具、木梯等杂物倚靠铝板板面现象，烤瓷铝板保护膜应在竣工前撕下。

验　　收 本工程铝板墙面表面平整度不大于 2mm、立面垂直度不大于 2mm、接缝直线度不大于 2mm、接缝高低差不大于 0.5mm，墙面铝板无任何划痕、凹陷、偏色等缺陷。铝板的质量、规格、品种、数量、漆面性能和物理性能符合设计要求。

・地面瓷砖、石材

站厅层瓷砖、石材地面施工面积大，与大厅各个入口的对应关系多，要整体测尺放线排模，规划每块石材与周边的接缝位置，确定瓷砖与盲道及水沟盖板位置关系，以取得较好的观感效果。

地面瓷砖、石材铺装施工工艺流程：基层处理→排模、弹线→预铺→铺贴→勾缝→清理→成品保护→验收。

基层处理 将楼地面上的砂浆污物、浮灰、落地灰等清理干净，以达到施工条件的要求，如表面有油污，应采用 10% 的火碱水刷净，并用清水及时将碱液冲去。考虑到装饰层与基层结合力，在正式施工前用少许清水湿润地面，用素水泥浆做结合层一道。

排摸、弹线 施工前在墙体四周弹出标高控制线（依据墙上的 50cm 控制线），在地面弹出十字线，以控制地砖分隔尺寸。找出面层的标高控制点，注意与各相关部位的标高控制一致。

预铺 首先应在图纸设计要求的基础上，对地砖和石材的色彩、纹理、表面平整等进行严格的挑选，依据现场弹出的控制线和图纸要求进行预铺。对于预铺中可能出现的尺寸、色彩、纹理误差等进行调整、交换，直至达到最佳效果，按铺贴顺序堆放整齐备用，一般要求不能出现破损或者小于半块砖，尽量将半砖排到非正视面。

铺贴 地砖和石材铺设采用 1 ： 4 或 1 ： 3 干硬性水泥砂浆粘贴（砂浆的干硬程度以手捏成团不松散为宜），砂浆厚度控制在 20 ～ 30mm。在干硬性水泥砂浆上撒素水泥，并洒适量清水。将地砖按照要求放在水泥砂浆上，用橡皮锤轻轻敲击地砖饰面直至密实平整达到要求；根据水平线用铝合金水平尺找平，铺完第一块后向两侧或后退方向顺序镶铺。砖缝无设计要求时一般为 1.5 ～ 3mm，铺装时要保证砖缝宽窄一致，纵横在一条线上。

勾缝 地砖铺完 24h 后进行勾缝，勾缝采用 1 ： 1 水泥砂浆，根据地砖的颜色调配勾缝砂浆的颜色，勾缝要饱满密实。

清理 当水泥浆凝固后再用棉纱等物对地砖表面进行清理（一般宜在 12h 之后）。清理完毕后用锯末养护 2 ～ 3d，当交叉作业较多时采用三合板或纸板保护。

成品保护 严禁在已铺好的面砖地面上拌合砂浆、在已铺好的地面上工作，防止砸碰损坏，严禁在其上任意丢扔物料等重物。油漆、涂料等施工时应对已铺好的地面进行保护，防止面层污染，一般采用塑料布、纸板或普通三合板等。

验收 本工程瓷砖地面表面平整度不大于 1mm，缝格平直不大于 1.5mm，接缝高低差为 0，地面无空鼓现象、无色差、无裂痕，整体质量水平高于国家验收标准。

出入口通道

吊顶采用型钢龙骨，深灰色铝格栅、铝型材，1.0 mm 深灰平面铝单板，LED 平板灯，LED 节能方筒灯，1.5mm 平面铝单板。

出入口通道图

墙面选用 20mm 烤瓷蜂窝铝板，热镀锌钢骨架结构，蜂窝板专用 A 字形卡骨，20mm 深灰麻石材踢脚线。

地面铺设 800mm×800mm 仿白麻全瓷瓷砖，白麻镶嵌不锈钢盲道，30mm 白麻石材水沟篦子盖板。

相关工艺同前。

站台

吊顶采用型钢龙骨，深灰色铝格栅、铝型材，1.0 mm 深灰平面铝单板，LED 平板灯，LED 节能方筒灯，1.5mm 平面铝单板。

墙面选用 20mm 烤瓷蜂窝铝板，方柱采用四拼 L 形 20mm 烤瓷蜂窝铝板，基座为 20mm 深灰麻石材，热镀锌钢骨架结构，蜂窝板专用 A 字形卡骨，20mm 深灰麻石材踢脚线，护栏采用 304 钛黑不锈钢立柱、304 钛黑不锈钢圆管扶手、钢化夹胶安全玻璃。

地面材料：地面铺设 800mm × 800mm 仿白麻全瓷瓷砖，20mm 厚水冲面白麻石材波打线，25mm 光面白麻石材踏步，白麻镶嵌不锈钢盲道。

铝型材跨度大，顶面带坡，难点是控制铝型材之间的间距使之与平板灯四周间距相等，成型后调平处理，使组合起来的型材保持一条直线。

站台层三角房墙面铝板施工面积大，难点是墙面与顶面交界处铝板的接缝以及安全防护玻璃要求顺缝，但由于墙面与顶面铝板厚度不同、致使折边角不同，大面积的施工要求顺缝，需要分别计算出顶板与墙板的尺寸，以确保达到顺缝要求。

站台层瓷砖、石材地面施工面积大，与各楼梯三角房的对应关系多，要整体测尺放线排模，规划好每块石材与周边的接缝位置。

地铁站台

天津棉纺三厂（一期）项目美岸广场8号、9号、10号楼公寓精装修工程

项目地点

天津市河东区棉纺三厂地块，东至棉纺三厂厂区，西至海河东路，南至棉纺三厂厂区，北至现状雨水泵站

工程规模

装修范围为该项目8号、9号、10号楼公寓室内公共部位装饰工程，建筑面积约为9165m^2，框架结构

承建单位

天津华惠安信装饰工程有限公司

竣工日期

2015年6月30日

美岸广场公寓

建筑外观

功能空间

公共区域

材料

吊顶材料，一层大堂顶部为 95mm 厚双层石膏板平顶，内嵌灯带，二至六层走道为 20mm × 40mm 铝格栅。

一层大堂墙面选用 10mm 厚木纹瓷砖和深棕色木纹转印钢板干挂，40mm × 60mm 镀锌钢骨架结构。二至六层为壁纸。

地面铺设 30mm 厚安哥拉灰石材，300mm、600mm、900mm、1200mm 四种规格长度错落铺装，踢脚线为 50mm 高不锈钢内嵌安装。

施工工艺

吊顶施工工艺流程：测量放线→吊杆及龙骨安装→石膏板安装→面层处理→设备安装→后期处理。

测量放线 根据图纸对现场的轴线、标高、墙柱位置进行测量，校核误差，根据实际尺寸调整图纸，再将图纸上的轴线、完成面、标高线弹到墙面及柱面，并做好明确标记。

吊杆安装 现场搭设满堂红脚手架，根据图纸放线排布吊杆位置，吊杆采用8mm通丝吊杆，配 ϕ 10内膨胀螺栓，吊杆间距严格控制在规范以内，膨胀螺栓确保紧固到位。

面层处理 对石膏板、石膏线的连接部位填充嵌缝石膏并满铺网格布，批腻子打磨表面，刷一遍乳胶漆，检查并进行修补，喷第二遍乳胶漆。

设备安装 清理吊顶内的灰尘、杂物，安装筒灯、灯带，进行灯光的调试和通电试运行。

后期处理 检查修补饰面乳胶漆。本工程石膏板吊顶表面平整度不大于3mm，接缝直线度不大于3mm，接缝高低差不大于1mm，软膜顶棚灯带无光斑、无阴影、照度均匀，乳胶漆涂刷均匀，从各角度看无刷痕、无开裂、无变形现象，验收合格后拆除脚手架。

铝格栅吊顶施工工艺：顶棚标高弹水平线→安装吊杆→轻钢龙骨安装→弹簧片安装→格栅主副骨组装→铝格栅安装→验收。

公共区域铝格栅吊顶

顶棚标高弹水平线 按吊顶平面图在混凝土顶板弹出主龙骨的位置，主龙骨应从吊顶中心向两边分，最大间距为 1000mm，并标出吊杆的固定点间距 900 ~ 1000mm。如遇到梁和管道固定点大于设计和规程要求，应增加吊杆的固定点。

安装吊杆 采用膨胀螺栓固定吊挂杆件，采用 ϕ6 吊杆。吊杆一端用∟30×30×3 角码焊接，角码的孔径应根据吊挂和膨胀螺栓的直径确定，另一端用丝杆焊接。制作好的吊杆作防锈处理。

轻钢龙骨安装 轻钢龙骨应吊挂在吊杆上，采用 38 主骨，间距 900 ~ 1000mm。轻钢龙骨应长向安装，同时应起拱。轻钢龙骨的悬臂段不应大于 300mm，否则增加吊杆。主龙骨的接长应采取对接，相邻龙骨的对接接头要相互错开。

施工要点：走道长度为 60m，如何保证铝格栅吊顶完成后的平整度和铝格栅边角与前面的影子缝顺直，是此项工程的关键点。

墙面干挂瓷砖装施工工艺流程：结构尺寸检验、测量→绘制瓷砖排模及加工图→瓷砖加工→现场安装镀锌埋板→龙骨焊制→安装饰面板→成品保护。

结构尺寸检验、测量 在瓷砖排模前，复核土建工程精度，对于其中细微的偏差在排模下料时进行调整，使其不影响整体装饰效果和验收标准。

绘制瓷砖排模及加工图 根据现场测量的结果，绘制墙面的立面尺寸图及石材分格图，并进行编号。在图中精确反映墙面标高尺寸、洞口尺寸以及水电、消防等工程需要预留洞口的位置及尺寸等信息。

安装镀锌埋板 遇到工程墙体为轻质墙体不能承载干挂石材骨架的荷载，埋板设在墙体顶部的混凝土梁及楼板上，其中混凝土梁埋板主要起拉结骨架的作用，不做主要承重构件，重量通过骨架底部的埋板传到混凝土楼板上。

龙骨焊制 根据模数 900mm×1200mm 焊接主龙骨及水平龙骨，龙骨的长边与埋板垂直，以增加龙骨的强度；水平龙骨焊制前应进行切割，长度比两主骨间距离短 5mm，以便于安装。固定时水平龙骨的一端与主骨进行焊接，另一端与特制钢角码通过 M10 螺栓进行拴接。焊口处进行清渣处理，并补刷两遍防锈漆。

安装饰面板 饰面板在进行安装前检查是否有缺棱、掉角或不平整等缺陷。板面安装时严格按照排模编号的顺序自下而上进行，相同尺寸之间无任意替换现象。安装时，同一个面层的墙体挂通线。工程采用 L 形不锈钢挂件作为石材与骨架的连接件，每块瓷砖上下边应各开两个短槽，槽长不小于 10mm，槽位根据石材的大小而定，距离边端不小于石材板厚的 3 倍，且不大于 180mm；挂件间距不大于 600mm；边长不大于 1m 时，每边设两个挂件。石材开槽后无损坏或崩裂的现象，槽口打磨成 45° 倒角，槽内光滑、洁净；为减少作业面污染，在加工区统一开槽；挂件与石材连接牢固，填补环氧树脂结构胶。

施工要点：墙面干挂的施工难点在于排模图错缝，瓷砖间镶嵌 10mm 宽铜条，施工时要预留 10mm 缝，保证其平整度及完整性是关键。

木纹钢板施工工艺流程：施工放线→安装沿地和沿顶龙骨→安装沿墙（柱）竖龙骨→饰面板的罩面铺钉。

施工放线 根据设计要求及现场实测，在楼地面上弹出隔断位置线，并引测至隔断两端墙（或柱）面及楼板（或梁）底面，同时将门洞口位置、竖向龙骨位置在隔断墙体上下部位分别标出，作为基线。

安装沿地和沿顶龙骨 隔断骨架的沿顶、沿地横龙骨的固定方法，一是有预埋木砖的，用钢钉固定；二是无预埋，采用射钉进行固结。本工程采用金属胀管进行连接固定。横龙骨两端顶至结构墙（柱）面，最末一颗紧固件与结构立面的距离不大于 100mm，金属胀管的间距应不大于 0.8m。

安装沿墙（柱）竖龙骨 隔断骨架的边框竖向龙骨与建筑结构体的固定连接，与沿顶沿地龙骨的安装做法相同。

以 C 形竖龙骨上的穿线孔为依据，首先确定龙骨上下两端的方向，尽量使穿线孔对齐。有设计要求的竖向龙骨长度，应根据现场实测情况，以保证竖龙骨能够在沿地沿天龙骨的槽口内滑动为准，竖龙骨的长度应比沿地沿顶龙骨内侧尺寸短 10mm 左右。

轻钢墙体龙骨竖龙骨安装时的间距，要按罩面板材的实际宽度及隔断墙体的结构设计而定。此外隔断墙体骨架第一档的竖龙骨间距，通常要比普通间距（400 ~ 600mm）小 25mm，同时在重要的承重部位，竖龙骨可以双根并用、密排，或采用加强龙骨（断面呈不对称 C 形，使用双根口合）。

竖龙骨的现场截断，注意只可从其上端切割。将截切好的竖龙骨推向沿地、沿顶龙骨之间，龙骨侧翼朝向罩面板方向（即为罩面板的钉装面）。竖龙骨到位并保证垂直后，与沿顶沿地龙骨的固定可采用自攻螺钉或抽芯铆钉进行钉接。

当隔断骨架采用通贯系列龙骨时，竖龙骨安装后即装设通贯龙骨，在水平方向从各条竖龙骨的贯通孔中穿过，在竖龙骨的开口面用支撑卡件以稳定并锁闭此处的敞口。横撑龙骨间距最大不超过 1m，装设支撑卡时，卡距应为 400 ~ 600mm，距龙骨两端的距离为 20 ~ 25mm。对于非支撑卡系列龙骨，通贯龙骨的稳定可在竖龙骨非开口面采用角托，以抽芯铆钉或自攻螺钉将角托与竖龙骨连接并拖住通贯龙骨。

饰面板的罩面铺钉 在隔断轻钢龙骨安装完毕并通过中间验收后，即可安装隔断罩面的饰面板。先安装一个单面，待墙体内部的管线及其他隐蔽设施或填塞材料装设后再密封钉另一面的板材。

墙面壁纸

罩面的板材宜采用整板，板与板的对接可以紧靠但不能强压就位。饰面板的钉装应从板中央向板的四边顺序进行，中间部分自攻螺钉的钉距一般应不大于300mm，板块周围螺钉钉距应不大于200mm，螺钉距板边缘的距离应为10～16mm。自攻钉头应略埋入板面，但不得损坏板材的护面纸。隔断端部的饰面板与相接的墙柱面，应留有3mm的间隙，先注入嵌缝膏后再铺板挤密嵌缝膏。

龙骨两侧的罩面板，以及龙骨一侧的内外两层饰面板，均应错缝排列，即它们的板缝不得落在同一根龙骨上。饰面板隔断以“丁”字或“十”字形相接时，其墙体阴角处应用腻子嵌满，贴上接缝，带阳角处应设置护角。

施工要点：木纹钢板施工难点在于保证钢板与铜条的平整度。

壁纸工艺流程：基层处理、涂刷封闭底漆→刮腻子找平→吊垂直、套方、找规矩、弹线→计算用料、裁纸→粘贴壁纸→壁纸修整、清理。

基层处理、涂刷封闭底漆 将顶棚表面的灰浆、粉尘、油污等清理干净后，涂刷一道封闭底漆，底漆要求满刷，不得漏刷。对于木基层，接缝、钉眼应用腻子补平，并满刮胶油腻子一遍，然后用砂纸磨平。

刮腻子找平 满刮腻子一道，待腻子干后打砂纸找平，再满刮第二遍腻子，腻子干后用砂纸打平、磨光。

吊垂直、套方、找规矩、弹线　首先弹出顶棚中心线，并套方找规矩。墙顶交接处的分界原则：一般应以挂镜线或阴角线为界，没有挂镜线或阴角线的按设计要求弹线。先贴顶纸，后贴墙纸，一般用墙纸压顶纸。

计算用料、裁纸　根据设计要求决定壁纸的粘贴方向，然后计算用料、裁纸。应按所量尺寸每边留出 20 ~ 30mm 余量，如采用塑料壁纸，一般需在水槽内先浸泡 2 ~ 3 分钟（参考厂家产品说明书），抖去余水，将纸面用干净毛巾沾干。

粘贴壁纸　在纸的背面和顶棚的粘贴部位刷胶，顶棚刷胶时应注意按壁纸的宽度刷胶，不宜过宽，铺贴时应从中间开始向两边铺粘。第一张一定要按已弹好的线找直粘牢，应注意纸的两边各甩出 10 ~ 20mm 不压死，以满足与第二张的拼花压槎对缝的要求。然后依上法铺贴第二张，两张纸搭接 10 ~ 20mm，用钢板尺比齐，两人将尺按紧，一人用壁纸刀裁切，随即将切下搭槎处的两张壁纸条撕去，用刮板带胶将缝隙刮吻合压平、压实（也可以采用密拼方式直接拼接）。随后将顶棚两端阴角处用钢板尺比齐，用壁纸刀裁切拉直，用刮板及辊子压实，最后用湿毛巾将接缝处辊压出的胶痕擦净，依次进行。

壁纸修整、清理　壁纸粘贴完后，应检查是否有起泡不实之处，接槎是否平顺，有无翘边脱胶现象，胶痕是否擦净等，直至符合要求为止。

施工要点：走道长度较长，如何保证壁纸施工完成后的感官质量是此项工程的要点。为保证质量和效果，本项目对墙面壁纸用 10mm 宽的铝条进行分割，既保证美观，又预防开裂。

公共区域

共享空间挑台

地面石材铺装施工工艺：工厂加工、试拼→弹线→试排→基层处理→铺砂浆→铺石材→灌缝、擦缝→养护→研磨、结晶→验收。

工厂加工、试拼 因本工程石材规格多且小，需精确排模，确定每块石材的规格尺寸和位置编号，在工厂加工后预拼花纹，异形石材在工厂内进行切割。对大理石按图案、颜色、纹理试拼，试拼后按两个方向编号排列，然后按照编号码放整齐，做好防护处理和包装。

弹线 施工前在墙体四周弹出标高控制线（依据墙上的 50cm 控制线），在地面弹出十字线，以控制石材分隔尺寸。找出面层的标高控制点，在墙上弹好水平线，与各相关部位的标高控制一致。

试排 两个互相垂直的方向铺设两条干砂，宽度大于板块，厚度不小于 3cm。根据试拼石板编号及施工大样图，结合实际尺寸，把石材板块排好，检查板块之间的缝隙，核对板块与墙面、柱、洞口等部位的相对位置。

基层处理 在铺砂浆之前将基层清扫干净，包括试排用的干砂及石材，然后用喷壶洒水湿润，刷一层素水泥浆，水灰比为 0.5 左右，随刷随铺砂浆。

铺砂浆 根据水平线，定出地面找平层厚度，拉十字控制线，铺结合层水泥砂浆，结合层采用 1 ： 3 干硬性水泥砂浆。

铺设 先里后外沿控制线进行铺设，按照试拼编号，依次铺砌，逐步退至门洞口。铺贴前为防止出现空鼓现象，石材铲除背网后刷防水防空鼓背胶，石材背面满刮白水泥素浆，然后正式镶铺。安放时四角同时落下，用橡皮锤轻击木垫板，根据水平线用水平尺找平，铺完第一块向两侧和后退方向顺序镶铺。镶铺时注意石材纹路方向和色差，石材之间不留缝隙。石材搬运时防止磕碰损坏，大理石破损后要进行仔细粘接修补，再进行铺装，防止出现返黑返碱。

灌缝、擦缝 在镶铺后 1 ~ 2 昼夜进行灌浆擦缝。根据石材颜色选择相同颜色矿物颜料和水泥搅拌均匀调成 1 ： 1 稀水泥浆，用浆壶徐徐灌入大理石或花岗石板块之间的缝隙，分几次进行，并用长把刮板把流出的水泥浆向缝隙内喂灰。灌浆时，多余的砂浆应立即擦去，灌浆 1 ~ 2h 后，用棉丝团蘸原稀水泥浆擦缝，与板面擦平，同时将板面上水泥浆擦缝。

养　　护　面层施工完毕，浇水养护一周；养护后铺防护膜进行保护。

研磨、结晶　交工前一周进行填缝修补，按由粗到细的顺序进行研磨处理，最后用结晶粉进行抛光。

验　　收　本工程石材地面表面平整度不大于 1mm，缝格平直不大于 1.5mm，接缝高低差为 0，地面无空鼓现象，花纹顺畅、无色差、无裂痕，整体质量水平高于国家验收标准。

施工要点：此石材为安哥拉灰，石材模数较小、尺寸烦琐，铺装前需对走道石材的排摸精确把关。

挑台工艺

挑台处用 8 号槽钢做基础，用螺栓穿楼板与地面连接，使得安全性更有保障；护栏基层使用 20mm × 20mm 方通，使用“8+8”夹胶玻璃和木纹转印钢板作为装饰，实木扶手。

室内房间

材料

吊顶材料，顶部为 95mm 厚双层石膏板平顶，四周为 600mm 高跌级吊顶安装石膏线。

墙面材料为壁纸。

地面材料，客厅及卧室用 12mm 厚实木复合地板，门厅处使用 600mm × 900mm 金丝米黄瓷砖，卫生间为 300mm × 300mm 米黄瓷砖，收口处为 20mm 厚啡网石材。

工艺流程

吊顶施工工艺流程：抄平、放线→（吊顶造型等安装）→安装周边龙骨→吊筋安装→安装主龙骨→安装次龙骨、横撑龙骨→安装基层纸面石膏板→安装面层纸面石膏板→点防锈漆、补缝、粘贴专用纸带→后期处理。

抄平、放线　根据现场提供的标高控制点，按施工图纸各区域的标高，在墙面上弹出标高控制线，一般 ±0.000 以上 500mm 左右为宜，抄平最好采用水平仪等仪器。在水平仪抄出大多数点后，其余位置可采用水管抄标高。要求水平线、标高一致、准确。

安装边龙骨　根据抄出的标高控制线以及图纸标高要求，在四周墙体、柱体上铺钉边龙骨，以便

客房

控制顶棚龙骨安装，边龙骨安装要求牢固、顺直，安装完毕后应复核标高位置是否准确。

吊筋安装 吊筋采用 ϕ8 吊筋，吊筋间距控制在 1200mm 以内，吊筋与楼板底连接可采用 M8×80 镀锌钢膨胀螺栓。吊筋应按现场实际测量的尺寸进行下料，吊筋制作要求平直。安装时要求按已弹好的主龙骨位置线进行，要求安装垂直。吊筋布置距周边墙边的距离不得大于 300mm。

安装主龙骨 在吊顶内消防、空调、强电、弱电等管道安装基本就绪后进行主龙骨安装。双层纸面石膏板吊顶主龙骨宜选用 U38、US50 型，保证基层骨架的刚度。

相邻两根主龙骨接头位置应错开 1200mm；相邻主龙骨应背向安装，相邻主龙骨挂件应采用一正一反安装，防止龙骨倾覆；龙骨连接应采用专用连接件，并用螺栓锁紧；主龙骨中距 1000 ~ 1100mm。

在大型灯盘、孔洞等位置，除灯盘需使用专用吊筋外，还应按排版要求做好主龙骨的加固措施。主龙骨安装应拉线进行龙骨粗平工作，房间面积较大时（面积大于 20m^2），主龙骨安装应起拱（短向长的 1/200)，调整好水平后应立即拧紧主挂件的螺栓，并按照龙骨排版图在龙骨下端弹出次龙骨位置线。

注意事项：主龙骨端头距墙柱周边预留 5 ~ 10mm 空隙，最靠边的主龙骨距墙柱等周边距离不超过 300mm。

安装次龙骨、横撑龙骨

按照龙骨布置排版图安装次龙骨，次龙骨安装完毕安装横撑龙骨。次龙骨安装时要求相邻次龙骨接头错开，接头位置不能在一条直线上，防止石膏板安装后吊顶下塌。横撑龙骨安装要求位于纸面石膏板的长边接缝处，横撑龙骨下料尺寸一定要准确，确保横撑龙骨与次龙骨连接紧密、牢固。

次龙骨和横撑龙骨安装后应进行吊顶龙骨精平，拉通线进行检查、调整，房间尺寸过大时为防止通线下坠，宜在房间内适当增加标高标志杆（木枋），保证通线水平准确。次龙骨与主龙骨、次龙骨之间、次龙骨与横撑龙骨连接应采用专用连接件，并保证连接牢固、紧密，次龙骨间距不大于 600mm。

安装基层纸面石膏板

用自攻螺钉枪将纸面石膏板与龙骨固定。钉头应嵌入板面 0.5 ~ 1.0mm，但以不损坏纸面为宜，自攻螺钉用 M3.5×25，自攻螺钉与板面应垂直，弯曲、变形的螺钉应剔除，并在相隔 50mm 的部位另钉装螺钉。自攻螺钉距 150 ~ 170mm。自攻螺钉与纸面石膏板板边的距离：面纸包封的板边以 10 ~ 15mm 为宜，切割的板边以 15 ~ 20mm 为宜。

纸面石膏板安装接缝应错开，接缝位置必须落在次龙骨或横撑龙骨上，安装时应从板的中间向板的四边固定，不得多点同时作业，安装应在板面无应力状态下进行。纸面石膏板安装板面之间应留缝 3 ~ 5 mm，要求缝隙宽窄一致（可采用三层板或五层板间隔）。板面切割应划穿纸面及石膏板，石膏板边成粉碎状禁止使用。纸面石膏板与墙柱等周边留有 5mm 间隙。

安装面层纸面石膏板

同第一层纸面石膏板安装，自攻螺钉规格为 M3.5×35。但应注意面层板与基层板的接缝应错开，不能在同一根龙骨上接缝。接缝位置应在次龙骨或横撑龙骨上。

点防锈漆、补缝、粘贴专用纸带

纸面石膏板安装完毕，自攻螺钉应进行防锈处理（防锈漆最好采用银灰色），并用腻子找平。纸面石膏板之间的接缝采用专用补缝膏填补（分三次进行），要求填补密实、平整，待补缝膏干燥后，粘贴专用贴缝带。

后期处理

轻钢骨架、罩面板及其他吊顶材料在入场存放、使用过程中应严格管理，保证不变形、不受潮、不生锈。

装修吊顶用吊杆严禁挪作机电管道、线路吊挂用；机电管道、线路如与吊顶吊杆位置矛盾，须经过项目技术人员同意后更改，不得随意改变、挪动吊杆。

客房吊顶

客房墙面

吊顶龙骨上禁止铺设机电管道、线路。

轻钢骨架及罩面板安装应注意保护顶棚内的各种管线，轻钢骨架的吊杆、龙骨不准固定在通风管道及其他设备件上。

工序交接全部采用书面形式由双方签字认可，由下道工序作业人员和成品保护负责人同时签字确认，并保存工序交接书面材料，下道工序作业人员对防止成品的污染、损坏或丢失负直接责任，成品保护专人对成品保护负监督、检查责任。

瓷砖与地板交接细部

施工要点：跌级吊顶造型较复杂，并且施工阴阳角很多，如何保证吊顶完成后，阴阳角顺直、影子缝与墙面间的距离一致，是此项工程的重点。吊顶封板前对吊杆、龙骨等隐蔽工程严格验收。封板时对石膏板拉缝、错缝严格要求，避免施工后吊顶开裂现象发生。灯位、烟感、喷淋等提前确定，满足使用功能的同时保证顶部美观。跌级吊顶与墙面拉有 20mm 宽影子缝，后期效果美观，施工难度较大。为保证施工质量，严格把控石膏板基层的平整度和与墙面间缝隙的顺直度。

地板施工工艺流程：地坪检测→自流平施工→实木地板铺设→踢脚板安装。

地坪检测 施工时的室内温度和地面温度建议在 5 ~ 30℃；相对空气湿度保持在 20% ~ 75%；基层的含水率小于 5%；基层表面硬度不低于 1.2MPa；找平层的强度不低于混凝土硬度标准 C20 要求；基层无空鼓、开裂、污染现象。

自流平施工 将搅拌好的自流平浆料倾倒在施工的地坪上，再用自流平齿刮板批刮，控制施工厚度。随后让施工人员穿上专用钉鞋，进入施工地面，用放气滚筒在自流平上轻轻滚动 2 ~ 5 遍将气泡放出，避免气泡麻面及接口高差。自流平施工时应封闭现场，等待干透。夏季需 36h，冬季需 72h。

实木地板铺设 实铺实木地板应在自流平浇筑好后，清扫干净，由设计明确隔潮材料，一般可铺设油纸或油毡一层。地板铺设在自流平上第一行应与墙面间留出 10mm 缝隙。对于企口拼装的竹地板，应从板的侧边凹角处斜向钉入地面中，钉帽要砸扁不露出，钉长为板厚的 2 ~ 2.5 倍（或用 30mm 长气钉固定）。单层竹地板与搁栅固定，应将地板用上述方法固定在其下的每根搁栅上。企口板应钉牢、排紧。地板榫槽处刷胶黏剂，应均布不得漏涂，拼装要紧密无缝，拼装时挤出的胶黏剂应用湿棉丝擦净，面上不得有胶痕。整间房铺完的地板与四周墙面间应留出 10mm 缝隙，用踢脚板或踢脚条封盖。踢脚板或踢脚条应固定在墙面上，不得用胶黏剂粘贴在地板上。木地板固定点数量：板长为 600mm 不得少于 2 点，长 1000mm 不得少于 3 点，长 1500mm 不得少于 4 点，长 1500mm 以上的不得少于 5 点。铺设地板时，板端接缝应间隔错开，错接深度不小于 300mm。板缝隙宽度不得大于 0.5mm。踢脚板或踢脚条与墙面及地板面紧靠，不得有缝隙，上沿应平直，偏差应不大于 3mm。

壁纸与窗口交接细部

踢脚线细部

木作与踢脚线细部

踢脚板安装　踢脚应为提前在靠墙的一面开成槽的成品，并每隔 1m 钻直径 6mm 的通风孔；在墙上应每隔 750mm 砌入防腐木砖，在防腐木砖外面钉防腐木块（无法下木砖、木块的可在墙面上打眼、下木楔），再把踢脚板用明钉钉牢在防腐木块上，钉帽砸扁冲入木板内。踢脚板板面要垂直，上口呈水平线，在踢脚板与地板交角处钉三角木条，以盖住缝隙。竹踢脚板阴阳角交角处应切割成 45° 角后再行拼装，踢脚的接头应固定在防腐木块（或木楔上）。

地砖施工工艺：基层处理→弹线→预铺→铺贴→勾缝→清理。

基层处理　将楼地面上的砂浆污物、浮灰、落地灰等清理干净，以达到施工的要求，如表面有油污，应采用 10% 的火碱水刷净，并用清水及时将碱液冲去。考虑到装饰层与基层结合力，在正式施工前用少许清水湿润地面，用素水泥浆做结合层一道。

弹　　线　施工前在墙体四周弹出标高控制线（依据墙上的 50cm 控制线），在地面弹出十字线，以控制地砖分隔尺寸。找出面层的标高控制点，注意与各相关部位的标高控制一致。

预　　铺　首先应在图纸设计要求的基础上，对地砖的色彩、纹理、表面平整等进行严格的挑选，依据现场弹出的控制线和图纸要求进行预铺。对于预铺中可能出现的尺寸、色彩、纹理误差等进行调整、交换，直至达到最佳效果，按铺贴顺序堆放整齐备用，一般要求不能出现破损或者小于半块砖，尽量将半砖排到非正视面。

铺　　贴　地砖铺设采用 1 ∶ 4 或 1 ∶ 3 干硬性水泥砂浆粘贴（砂浆的干硬程度以手捏成团不松散为宜），砂浆厚度控制在 20 ~ 30mm。在干硬性水泥砂浆上撒素水泥，并洒适量清水。将地砖按照要求放在水泥砂浆上，用橡皮锤轻轻敲击地砖饰面直至密实平整达到要求；根据水平线用铝合金水平尺找平，铺完第一块后向两侧或后退方向。砖缝无设计要求时一般为 1.5 ~ 3mm，铺装时要保证砖缝宽窄一致，纵横在一条线上。

勾　　缝　地砖铺完 24h 后进行勾缝，勾缝采用 1 ∶ 1 水泥砂浆，根据地砖的颜色调配勾缝砂浆的颜色，勾缝要饱满密实。

清　　理　当水泥浆凝固后再用棉纱等物对地砖表面进行清理（一般宜在 12h 之后）。清理完毕用锯末养护 2 ~ 3d，交叉作业较多时采用三合板或纸板保护。

天津棉纺三厂（一期）项目北区酒店式公寓精装修工程

项目地点

位于天津市河东区棉纺三厂地块。东至棉纺三厂厂区，西至海河东路，南至棉纺三厂厂区，北至现状雨水泵站

工程规模

装修范围为该项目 1 号、2 号、3 号楼公寓室内设计公共部位装饰工程。其中 1 号楼，地上 19 层，地下 2 层，建筑面积约为 15355m^2，地上一、二层为商业用房，三至十九层为酒店式公寓住宅用房，框架结构；2 号楼，地上 8 层，地下 2 层，建筑面积约为 7018 m^2，地上一层为商业用房，二层为物业用房，三至八层为酒店式公寓住宅用房，框架结构；3 号楼，地上 6 层，地下 2 层，建筑面积约为 4219 m^2，地上一层为商业用房，二至六层为酒店式公寓住宅用房，框架结构

承建单位

天津华惠安信装饰工程有限公司

竣工日期

2015 年 6 月 30 日

公寓大堂

功能空间

酒店大堂

吊顶材料，顶部为 95mm 厚双层石膏板平顶，与墙面处拉 40mm 缝，内嵌灯带。

墙面选用 3.5mm 厚法国木纹石，40mm × 80mm 镀锌钢骨架结构。

地面铺设 30mm 厚白玉兰石材，浅啡网石材圈边。

吊顶施工工艺：测量放线→吊杆及龙骨安装→石膏板安装→面层处理→设备安装→后期处理。

吊顶封板前对吊杆、龙骨等隐蔽工程严格验收。封板时对石膏板拉缝、错缝严格

大堂一角

大堂装饰

共享大厅地面

要求，避免施工后吊顶开裂现象发生。灯位、烟感、喷淋等提前确定，既满足使用功能又保证顶部美观。跌级吊顶与墙面拉有 20mm 宽影子缝。为保证施工质量，严格把控石膏板基层的平整度和与墙面间缝隙的顺直度。

施工要点：跌级吊顶造型较复杂，并且施工阴阳角很多，如何保证吊顶完成后，阴阳角顺直、影子缝与墙面间的距离一致是此项工程的重点。

墙面干挂瓷砖装施工工艺流程：结构尺寸检验、测量→绘制瓷砖排模及加工图→瓷砖加工→现场安装镀锌埋板→龙骨焊制→安装饰面板→成品保护。

施工要点：大堂墙面面积大，如何更好地利用排模减少耗材是项目的重点。

地面石材铺装施工工艺流程：基层处理→找标高、弹线→铺找平层→弹铺砖控制线→铺砖→勾缝、擦缝→养护→踢脚板安装。

施工要点：大堂地面面积大，石材种类、规格较多，需认真测量、找方、排模，既保证平整度又使得材料得以充分利用，减少损耗。

酒店客房

吊顶材料，采用 95mm 厚双层石膏板跌级吊顶，400mm 高包梁圈边，内嵌筒灯照明。

墙面材料为壁纸。

卧室地面为地板，实木踢脚线，门厅处为 600mm × 600mm 地砖。

客房效果

客房

样板间

墙面

地面效果

吊顶细部

地面收口

吊顶施工工艺流程：抄平、放线→（吊顶造型等安装）→安装周边龙骨→吊筋安装→安装主龙骨→安装次龙骨、横撑龙骨→（吊顶隐蔽验收全部完成后）安装第一层纸面石膏板→补板缝→安装面层纸面石膏板→（开灯孔等）→点防锈漆、补缝、粘贴专用纸带。

施工要点：圈边既是亮点也是难点。在平顶上圈两层石膏板，只要有一点偏差，效果都会大打折扣，对于平整度、顺直度的要求极高。所以施工前，在顶部弹出所有完成面线，并且将墙面的平整度一次性处理到位，阴阳角合格率必须做到 100%。

卫生间

吊顶材料为 300mm × 300mm 铝扣板。
墙面材料为 300mm × 600mm 玻化砖。
地面材料为 300mm × 300mm 玻化砖。

墙砖施工工艺流程：基层处理→贴标志砖→镶贴→擦缝→清洁。

基层处理　将砖面浇水润湿后，用 1 ： 3 水泥砂浆（体积比），按套方、弹线的样筋高度或标志，用木抹子压实，搓毛厚度为 10 ~ 20mm。

贴标志砖 标志点是将废面砖用水泥砂浆粘贴在找平层上，按此拉通线或用靠尺板作为铺贴面砖的控制点。标志点间距为 1.5m × 1.5m 或 2m × 3m 为宜，面砖铺贴到此处时再敲掉。注意标志点贴完，有强度后进行一次预检。

镶　　贴 镶贴面砖以前，砖墙面要提前一天湿润好，混凝土墙可以提前 3 ~ 4h 湿润，瓷砖要在施工前浸水，浸水时间不小于 2h，然后取出晾至手按砖背无水迹方可贴砖。

镶贴用 1 ： 1 水泥砂浆（体积比），使用强度等级不低于 32.5 的普通硅酸盐水泥加 20%的 108 胶，砂子为中细砂（过筛），施工环境温度最低在 5℃以上，在瓷砖背面满抹灰浆，四边刮成斜面，厚度 5mm 左右，注意边角满浆。瓷砖就位后用灰木柄轻轻敲击砖面，使之与邻面相平。粘贴 8 ~ 10 块，用靠尺板检查表面平整，并用卡子将缝拨直。阳角拼缝可用匀石机或磨砂机将面砖边沿切磨成 45° 斜角，保证接缝平直、密实。扫去表面灰浆，用卡子划缝，并用棉丝拭净，镶完一面墙后要将横竖缝内灰浆清理干净。阴角应大面砖压小面砖，并注意考虑主视线面向，确保阴阳角处缝通顺。厕浴间的缝隙一般采用塑料十字卡控制。

镶贴面砖工程，室内一般由下向上镶贴。面砖镶贴前，墙面要先清理干净并洒水润湿，每面墙从下向上镶贴，从最下两排砖的位置稳好

卫生间

靠尺，竖缝用水平尺吊垂直，上口拉水平通线。镶贴高度一般为每天1.2 ~ 1.5m。必须检查瓷砖上口灰缝是否饱满，不饱满一定要先喂饱满，采用塑料卡子，以确保灰缝通顺，随贴随将缝口的灰浆划出。

擦　　缝　待面砖贴好24h后，用白水泥浆涂满缝隙，再用棉纱蘸浆将缝隙擦平实，待稍有强度后，用镏子勾缝，镏子可采用3mm不掉色塑料圆线。保证平滑凹缝1 ~ 2mm，但必须一致（彩色面砖可加适量颜料调成色浆擦缝）。缝溜完后要浇水养护。

清　　洁　待嵌缝材料硬化后再清洗表面，必要时用布或棉纱头蘸稀盐酸擦洗一遍，再用清水冲洗一遍。

施工要点：因公寓房型较多，共计26种不同房型，每种房型需现场认真测量、排模、放线，节省材料并保证感官质量；另外如何在施工中保证质量，保证墙砖不空鼓也是此项工程的重点。

地砖施工工艺流程：基层处理—弹线—预铺—铺贴—勾缝—清理。

基层处理　将楼地面上的砂浆污物、浮灰、落地灰等清理干净，以达到施工条件；如表面有油污，应采用10%的火碱水刷净，并用清水及时将碱液冲去。考虑到装饰层与基层结合力，在正式施工前用少许清水湿润地面，用素水泥浆做结合层一道。

弹　　线　施工前在墙体四周弹出标高控制线（依据墙上的50cm控制线），在地面弹出十字线，以控制地砖分隔尺寸。找出面层的标高控制点，注意与各相关部位的标高控制一致。

预　　铺　首先应在图纸设计要求的基础上，对地砖的色彩、纹理、表面平整度等进行严格的挑选，依据现场弹出的控制线和图纸要求进行预铺。对于预铺中可能出现的尺寸、色彩、纹理误差等进行调整、交换，直至取得最佳效果，按铺贴顺序堆放整齐备用，一般要求不能出现破损或者小于半块砖，尽量将半砖排到非正视面。

铺　　贴　地砖铺设采用1 ： 4或1 ： 3干硬性水泥砂浆粘贴（砂浆的干硬程度以手捏成团不松散为宜），砂浆厚度控制在20 ~ 30mm。在干硬性水泥砂浆上撒素水泥，并洒适量清水。将地砖按照要求放在水泥砂浆上，用橡皮锤轻轻敲击地砖饰面直至密实平整达到要求；根据水平线用铝合金水平尺找平，铺完第一块后向两侧或后退方向顺序镶铺。砖缝无设计要求时一般为1.5 ~ 3mm，铺装时要保证砖缝宽窄一致，纵横在一条线上。

勾　　缝　地砖铺完 24h 后进行勾缝，勾缝采用 1 ∶ 1 水泥砂浆，根据地砖的颜色调配勾缝砂浆的颜色；勾缝要饱满密实。

清　　理　当水泥浆凝固后再用棉纱等物对地砖表面进行清理（一般宜在 12h 之后）。清理完毕后用锯末养护 2 ~ 3d，当交叉作业较多时采用三合板或纸板保护。

细部节点

施工前将所有地漏的位置排模，确保地漏居中安装。

严格控制墙面和地面的平整度，做到踢脚线与墙面无缝隙。

吊顶做到无开裂，阴阳角垂直，与壁纸收口顺直。

踢脚线安装细部

吊顶细部

天津市棉纺三厂(二期)项目1921售楼处装饰装修工程

项目地点

位于天津市河东区棉纺三厂地块。东至棉纺三厂厂区，西至海河东路，南至棉纺三厂厂区，北至现状雨水泵站

工程规模

装修面积为 2066m²

承建单位

天津华惠安信装饰工程有限公司

竣工日期

2015 年 6 月 30 日

售楼处展厅

售楼处整体

工程概况

1921 售楼处以高品位、泛文化，设计和运营结合，运营和装饰结合，以老建筑新空间为核心定位，是一个融高端客户接待、销售与展示于一体，有着独特的文化交流、创意空间的非营业场所。一层为售楼处，局部挑空，用于项目展示、洽谈、接待等。挑高的大空间，是多功能复合型展示厅，可以承办会议、演出、艺术品展示等。二层为办公区域。

装修范围为活动发布区、准备区、库房、物业室、视频展示、洽谈区、VIP 通道、VIP 等候室、储藏室、水吧、沙盘展示区、男女卫生间、男女更衣室等。

售楼处立面及顶棚效果图

功能空间

售楼处展厅

材料

顶棚为原钢结构喷灰色防火涂料，明装筒灯照明。

墙面为原有旧建筑墙体翻新。

地面为 1 ∶ 2.5 水泥砂浆找平层，为保证地面平整度，后做自流平，面材为 900mm 宽的卷材地胶。

施工工艺

顶部喷涂施工工艺流程：基层处理→防火涂料配料、搅拌→喷涂→检查验收。

基层处理 彻底清除钢构件表面灰尘、浮锈、油污。对钢构件碰损或漏刷部位补刷防锈漆两遍，经检查验收方可喷涂。

防火涂料配料、搅拌 粉状涂料随用随配。搅拌时先将涂料倒入混合机加水拌和 2 分钟后，再加胶黏剂及钢防胶充分搅拌 5 ~ 15min，使稠度达到可喷程度。

喷涂 一般设计要求厚度为经耐火试验达到耐火极限厚度的 1.2 倍，以耐火极限为梁 2h，柱 3h，其设计厚度为梁 30mm、柱 35mm。第一层厚 10mm 左右，晾干七八成再喷第二层，第二层厚度 10 ~ 12mm 为宜。晾干七八成后再喷第三层，第三层达到所需厚度为止。

喷涂时喷枪要垂直于被喷钢构件，距离 6 ~ 10cm 为宜，喷涂气压应保持 0.4 ~ 0.6MPa，喷完后进行自检，厚度不够的部分再补喷一次。正式喷涂前应试喷，经消防部门、质监站检验合格后再作大面积作业。

检查验收 喷完一个建筑层经自检合格后，将施工记录送交总包，由总包、分包、甲方监理联合核查。用带刻度的钢针抽查厚度，如发现厚度不够，补喷或铲掉重喷。用锤子敲击检查空鼓，发现空鼓应重喷。合格后，办理隐蔽工程验收手续。

如何对老建筑物原顶棚的涂料、锈蚀等进行清除，是工程的重点和难点。

地胶施工工艺流程：地坪表面处理→涂饰封闭涂料→批刮工艺→涂饰地坪中间层→涂饰地坪面层。

地坪表面处理 新竣工的工业地坪必须经过一定的养护后方可施工，约 28d；清除表面的水泥浮浆、旧漆以及黏附的垃圾杂物；彻底清除表面的油污，用清洗剂处理；清除积水，并使潮处彻底干燥；表面的清洁需用无尘清扫机及大型吸尘器来完成；平整的表面允许空隙为 2 ~ 2.5mm，含水量在 6%以下，pH 值 6 ~ 80；地坪表面的打毛，需用无尘打磨机来完成，并用吸尘器彻底清洁；对地坪表面的洞孔和明显凹陷处应用腻子来填补批刮，实干后，打磨吸尘。

涂饰封闭涂料 清洁、平整的混凝土表面，采用高压无气喷涂或辊涂，环氧封闭底涂料一道；环氧封闭漆有很强的渗透性，在涂刷底漆时应加入一定量的稀释剂，使稀释后的底漆能渗入基层内部，增强涂层和基层的附着力，其涂布必须连续，不得间断，涂布量以表面刚好饱和为准；局部漏涂可用刷子补涂，表面多余的底漆必须在下道工序施工前打磨处理好。

批　刮　工　艺 在实干（25℃，约 4h）以后的底漆表面采用批刮腻子两道的方法，以确保地坪的耐磨损、耐压性、耐碰撞、水、矿物油、酸碱溶液等性能，并调整地面平整度；用 100 ~ 200 目的石英砂和环氧批刮料，作为第一道腻子，要充分搅拌均匀、刮平，此道主要用于增强地面的耐磨及抗压性能；用砂袋式无尘滚动磨砂机打磨第一道腻子，并吸尘清洁；用 200 ~ 270 目的石英砂和环氧批刮料，作为第二道腻子，要充分搅拌均匀、刮平，此道主要用于增强地面的耐磨及平整度；用砂袋式无尘滚动磨砂机打磨第二道腻子，并吸尘清洁；两道腻子实干以后，如有麻面、裂缝处应先进行修补，然后用平板砂光机进行打磨，使其平整，并吸尘清洁；石英砂使用目数由现场工程师根据地面具体情况确定。

涂饰地坪中间层 在打磨、清洁后的腻子表面上（20℃，24h）用环氧地坪涂料涂饰中间层，涂饰方法可用刷涂、批刮、高压无空气喷涂，大面积施工以高压无空气喷涂为最佳，喷涂压力为 20 ~ 25MPa；此遍可使地面更趋于平整，更便于发现地面存在的缺陷，以便下一面层施工找平；此遍还方便甲方对设备安装等方面的安排。

涂饰地坪面层 在中间层实干后，进行环氧地坪层涂装，涂装方法用批刮和高压无空气喷涂，但以高压无空气喷涂为宜；涂装前应对中间层用砂袋式无尘滚动磨砂机进行打磨、吸尘；如在中间层实干后，先进行了设备的安装调试，造成地面形成新的缺陷，应用批刮料找平、打磨，并吸尘、清洁后喷涂面层。

施工要点：大厅地面面积大，保证地面找平层和最终地胶完成面的平整度是关键。

会客室

材料

一层大堂顶部为 95mm 厚双层石膏板跌级吊顶，内嵌射灯。

墙面为木挂板饰面。

地面为实木复合地板。

施工工艺

吊顶施工工艺流程：测量放线→吊杆及龙骨安装→石膏板安装→面层处理→设备安装→后期处理。

测量放线 根据图纸对现场的轴线、标高、墙柱位置进行测量，校核误差，根据实际尺寸调整图纸，再将图纸上的轴线、完成面、标高线弹到墙面及柱面，并做好明确标记。

吊杆及龙骨安装 现场搭设满堂红脚手架，根据图纸放线排布吊杆位置，吊杆采用 8mm 通丝吊杆，配 ϕ 10 内膨胀螺栓，吊杆间距严格控制在规范以内，膨胀螺栓确保紧固到位。

面层处理 对石膏板、石膏线的连接部位填充嵌缝石膏并满铺网格布，批腻子打磨，对表面进行处理，刷一遍乳胶漆，检查并进行修补，喷第二遍乳胶漆。

设备安装 清理吊顶内的灰尘、杂物，安装筒灯、灯带，进行灯光的调试和通电试运行。

后期处理 检查修补饰面乳胶漆。本工程石膏板吊顶表面平整度不大于 3mm，接缝直线度不大于 3mm，接缝高低差不大于 1mm，软膜顶棚灯带无光斑、无阴影、照度均匀，乳胶漆涂刷均匀，从各角度看无刷痕，无开裂、无变形现象，验收合格后拆除脚手架。

施工要点：跌级吊顶造型较复杂，并且施工阴阳角很多，如何保证吊顶完成后，阴阳角顺直、影子缝与墙面间的距离一致是工程的重点。

木挂板施工工艺流程：找位与弹线→检查预埋件及洞口→铺、涂防潮层→龙骨配置与安装→钉装面板→钉贴脸。

找位与弹线 木护墙安装前应根据设计及要求，事先找好标高、弹好平面位置和竖向尺寸线。

检查预埋件及洞口 弹线后检查预埋件、木砖是否符合设计要求，其间距尺寸、位置是否满足安装龙骨的要求；量测门窗及其他洞口位置尺寸是否方正垂直，与设计要求是否相符。

铺、涂防潮层 设计有防潮要求的木护墙在安装龙骨前应铺设或涂刷防潮层。

会客室

龙骨配置与安装

局部木护墙龙骨：根据房间大小和高度，可预制成木骨架，整体或分块安装。

全高木护墙龙骨：首先量好房间尺寸，根据房间四角和上下龙骨的位置，进行边框龙骨找位，钉装平直，然后根据龙骨间距要求，钉装横竖龙骨。

当设计无要求时，木护墙龙骨间距一般横龙骨间距为 300mm，竖龙骨间距为 300mm。木龙骨安装必须找方、找直，骨架与木砖间的空隙应垫木垫，每块木砖至少用 2 个钉子钉牢，在钉装龙骨时应预留出板面厚度。在木龙骨上安装基层衬板时，衬板之间应预留 4mm 缝隙并倒楞。

钉装面板

面板选色配纹：板材进场使用前，按同房间、邻近部位的用量进行挑选，使安装后木纹、颜色近似一致。

裁板配置：按照龙骨排列以略大于龙骨间距进行裁板，锯裁后大面应净光（胶合板板面不得刨净），小面刮直。面板长向对接配制时必须使接头位于横龙骨处，原材木板背面应设卸力槽，以防面板扭曲变形，一般卸力槽间距为 100mm，槽深 6 ~ 8mm。

面板安装：安装前对龙骨位置、平直度、钉设牢固情况、防潮层、防火涂料等进行检查，合格后方可进行安装；面板配好后进行试装，面板尺寸、接缝、接头处构造正确，木纹方向、颜色观感符合要求的情况下，才能正式进行安装；面板安装时应涂胶与龙骨胶钉牢固，钉固面板的钉子长度约为面板厚度的 2 ~ 2.5 倍，钉子间距一般为 100mm。

钉 贴 脸 贴脸料应进行挑选，花纹、颜色应与框料、面板近似。贴脸规格尺寸、厚度应一致，交角和对接应 45° 加胶连接，接槎应平顺。

施工要点：保证此项目施工完成后，木作与木作间、木作与墙面间接缝严密。

会客室吊顶

会客室墙面木挂板

天津数字广播大厦室内装饰装修工程

项目地点

天津市和平区卫津路 143 号

工程规模

项目地上总建筑面积为 64720.9m^2，占地 17898 m^2，主楼结构为框剪结构，地上 20 层，高度 99m，地上面积 49956.5m^2；地下 2 层，面积 14764.4m^2

建设单位

天津人民广播电台

设计单位

天津市建筑设计院

开竣工时间

2014 年 6 月 ~ 2016 年 9 月

大厦外立面

设计特点

本着创造舒适的公共办公空间的思想，将电台内的各个直播间、频道办公区、领导办公区、贵宾室、会议室等合理地安排到各个区域。

功能空间

十五层报告厅

位于十五层的报告厅占地面积 283m^2，能容纳 149 人，装饰效果高端、大气。报告厅装饰工程是多工种、多任务配合施工的复杂过程。

材料

吊顶材料为轻钢龙骨、石膏板、石膏线，A 级软膜顶棚，LED 节能筒灯、LED 灯带，环保乳胶漆饰面。
墙面面层选用木挂板，采用阻燃板作基层骨架结构。
地面安装架空地板，面层铺设地毯。

施工工艺

跌级石膏板吊顶工艺：顶棚标高弹水平线→安装吊杆挂件→安装边龙骨→安装主龙骨→安装次龙骨→罩面板安装→接缝处理→转角处理→成品保护→验收。

顶棚标高弹水平线 用水准仪在房间内每个墙（柱）角上抄出水平点（若墙体较长，中间也应适当抄几个点），弹出水准线（水准线距地面一般为 500mm），从水准线量至吊顶设计高度加上 12mm（一层石膏板的厚度），用粉线沿墙（柱）弹出水准线，即为吊顶次龙骨的下皮线。同时，按吊顶平面图，在混凝土顶板弹出主龙骨的位置（在绘制龙骨安装平面图时应充分考虑到灯位、消防喷淋设备及背景音乐设备的排布，各种设备间距符合规范要求）。主龙骨应

报告厅吊顶图

吊顶细部

从吊顶中心向两边分，间距宜为 900mm，并不超过 1200mm，覆面龙骨间距为 400mm，横撑龙骨间距为 600mm，并标出吊杆的固定点，吊杆的固定点间距 900 ~ 1000mm，如遇到梁和管道固定点大于设计和规程要求，应增加吊杆的固定点。弹线应清楚，位置应准确，其水平允许偏差为 ±5mm。

安装吊杆挂件

采用膨胀螺栓固定吊挂杆件。本工程采用 ϕ8 全牙镀锌螺杆，吊顶距离楼板高度大于 1.5m 时，应采用∟50 角钢作反向支撑处理。吊杆用膨胀螺栓固定在楼板上，冲击电锤打孔的孔径应稍大于膨胀螺栓的直径。

安装吊杆时，吊杆距主龙骨端部距离不得超过 300mm，否则应增设吊杆，以避免主龙骨下坠。当吊杆与设备相遇时，应调整吊点构造和增设吊杆。当吊杆与预埋吊筋进行焊接时，必须采用搭接焊，搭接长度不小于 60mm，焊缝应该均匀饱满。

对于吊顶内的灯槽、斜撑、剪刀撑等，应根据设计图纸适当布置。灯具、风口及检修口等应设附加吊杆，轻型灯具应吊在主龙骨或副龙骨上，大于 3kg 的重型灯具、电扇及其他重型设备应另设悬吊结构。

安装边龙骨 边龙骨的安装应按设计要求弹线，沿墙（柱）上的水平龙骨线把 L 形镀锌轻钢条用自攻螺钉固定在预埋木钉上；如为混凝土墙（柱），可用射钉固定，射钉间距应不大于吊顶次龙骨的间距。

安装主龙骨 主龙骨应吊挂在吊杆上。主龙骨间距不大于 1200mm, 主龙骨选用 UC60 大龙骨。主龙骨应平行房间长向安装，同时应起拱，起拱高度为房间跨度的 1/300 ~ 1/200。主龙骨的悬臂段不应大于 300mm，否则应增加吊杆。主龙骨的接长应采取对接，相邻龙骨的对接接头要相互错开，主龙骨挂好后应基本调平。

大面积吊顶需每隔 12m 在主龙骨上部焊接横卧主龙骨一道，以加强主龙骨侧向稳定性和吊顶整体性。如有大的造型顶棚，造型部分应用角钢或扁钢焊接成框架，并应与楼板连接牢固。

安装次龙骨 本工程采用暗龙骨吊顶，即安装罩面板时将次龙骨封闭在栅内，在顶棚表面看不见次龙骨。次龙骨应紧贴主龙骨安装。次龙骨间距不大于400mm。次龙骨为DC50副龙骨，用 T 形镀锌铁片连接件把次龙骨固定在主龙骨上时，次龙骨的两端应搭在 L 形边龙骨的水平翼缘上，条形扣板有专用的阴角线做边龙骨。

龙骨的尺寸应符合设计要求，纵横拱度均匀，互相适应。吊顶龙骨严禁有硬弯，如有则必须调直再进行固定。全面校正龙骨骨架的位置及水平度。龙骨的接长件应相互错位安装，通长次龙骨接长处的对接错位偏差不得大于 2mm。

检查吊顶龙骨安装无误后，应将吊件、挂件拧紧夹牢，保证稳定可靠。

主副龙骨间距符合规范及设计要求，吸声石膏板的主副龙骨间要满足其尺寸及安装要求。

罩面板安装 在吊顶龙骨安装验收合格后，方可进入罩面板铺钉工序。板材应在自由状态下就位固定，防止出现弯棱、凸鼓现象。纸面石膏板的长边（护面纸包封边）应沿纵向次龙骨铺设。自攻螺钉与纸面石膏板板边的距离：距护面纸包封边以 8mm 为宜；距切割边以 10mm 为宜。固定纸面石膏板覆面（次）龙骨间距一般不大于 400mm。覆面板应采用磷化防锈处理的十字槽沉头自攻螺钉固定。螺钉长度根据覆面板厚度确定，钉头应嵌入板内 0.5 ~ 1mm，并不得使纸面破损，钉眼处应作防锈处理，并用腻子抹平。钉距宜为 150 ~ 170mm。螺钉中心距板宜为 10 ~ 15mm。螺钉应与板面垂直。弯曲、变形的螺钉应剔除，并在相隔 50mm 的部位另外安装螺栓。安装双层纸面石膏板时，面层板与基层板的接缝应错开，不得在同一根龙骨上接缝。纸面石膏板的接缝，应按照设计要求处理。纸面石膏板与龙骨固定，应从一块板的中间向板的四边固定，不得多点同时作业。自攻螺钉头宜埋入板面，但不能使纸面破损。钉眼应作防锈处理并用石膏腻子抹平。饰面板上的灯具、烟感器、喷淋头、风口篦子等设备的位置应合理、美观，与饰面的交接应吻合、严密，并做好检修口的预留，使用材料应与母体相同，安装时应严格控制整体性、刚度和承载力。拌制石膏腻子时，必须用清洁水和清洁容器。

接缝处理 拌制嵌缝膏，拌合后静置 15min 以上。板缝清洁，无污物。将嵌缝膏填入板间缝隙，压抹严实，厚度以不高出板面为宜。待其固化后，再用嵌缝膏涂抹在板缝两侧石膏板上，涂抹宽度自板边起应不小于 50mm。将接缝纸带贴在板缝处，用抹刀刮平压实，纸带与嵌缝膏间不得有气泡。保证接缝纸带中线同石膏板板缝中线重合，使接缝纸带在相邻两张石膏板上的粘贴面积相等。将接缝纸带边缘压出的嵌缝膏刮抹在纸带上，抹平压实，使纸带埋于嵌缝膏中。上述工序完成后静置，待其凝固（凝固时间见嵌缝膏包装上的说明）。用嵌缝膏将第一道接缝覆盖，刮平，宽度较第一道接缝每边宽出至少 50mm。上述工序完成后静置，待其凝固（凝固时间见嵌缝膏包装上的说明）。用嵌缝膏将第二道接缝覆盖，刮平，宽度较第二道接缝每边宽出至少 50mm。待其凝固后，用砂纸轻轻打磨，使其同板面平整一致。若遇切割边接缝则每道嵌缝膏的覆盖宽度应放宽 100mm。

转角处理 将不平的切断边用打磨器磨平；将嵌缝膏抹在转角两面；将护角纸带沿中线对折，扣在转角处。用抹灰刀压实，使其同嵌缝膏黏结牢固；表面处理同接缝。

成品保护 轻钢骨架及罩面板安装应注意保护顶棚内各种管线。轻钢骨架的吊杆、龙骨不准固定在通风管道及其他设备上。轻钢骨架、罩面板及其他吊顶材料在入场存放、使用过程中严格管理，板上不宜放置其他材料，保证板材不受潮、不变形。施工顶棚部位已安装的门窗，已施工完毕的地面、墙面、窗台等应注意保护，防止污损。已装轻钢骨架不得上人踩踏。其他工种吊挂件或重物严禁吊于轻钢骨架上。为了保护成品，罩面板安装必须在棚内管道、试水、保温等一切工序全部验收后进行。

验　　收 表面平整度允许偏差 3mm，缝格、凹槽直线度允许偏差 3mm。

木挂板施工工艺流程：清理基层→放线→骨架安装→挂件安装→板材连接→验收。

清理基层 清理基层，使基层无污染物。

放　　线 从墙面部分的两端，由上至下吊出垂直线，投点在地面或固定点上，找垂直时，一般按板背面与基层的空隙（即架空层）为 50 ~ 70mm；按吊出的垂直线，连接两点作为起始层挂装板的基准，基层立面上按板材的大小和缝隙的宽度，弹出横平竖直的分格墨线。

骨架安装 按设计要求制作木挂板基层骨架。骨架使用大芯板为基层，按照最终木挂板造型进行制作安装，孔的纵向要与端面垂直一致。

挂件安装 按放出的墨线和设计挂件的规格、数量的要求安装挂件，同时必须以测力扳手检测连接螺母的旋紧力度，保证达到设计质量的要求。

板材连接 板材由木挂板背部的挂件进行连接，板材挂件与骨架上挂件相互咬合达到固定板块的效果。

验　　收 立面垂直度允许偏差 2mm、表面平整度允许偏差 1mm、阴阳角方正允许偏差 2mm、接缝垂直度允许偏差 2mm、接缝高低差允许偏差 1mm。

木挂板造型墙面

地面架空地毯图

地面架空地板地毯施工工艺流程：检验、清理地面基层→核对排板图→弹线→地板支架装配连接→采用激光扫平仪调节地板水平→采用螺丝刀调节地板水平→紧锢螺钉→放置地板→验收。

检验、清理地面基层 检验地面应符合《建筑地面工程施工及验收规范》要求，表面应平整（平整度小于等于 10mm）、光洁、无空鼓起砂、坚硬、干燥、无油脂及其他杂质。地面基层核验合格后清理干净，去除表面浮尘。确定每个支承脚位置，完成所需要的底层地板准备工作。在开始安装前，清除底层地板上所有灰尘、土和施工碎片。将支承脚牢固地安装在底层地板上，使其符合抗震的技术要求。

核对排板图 按设计方案及排板图要求，核验地面尺寸及排板基准状况，地板下敷设的空调送风管路及其他电气设备，应在地板铺设前敷设完毕，并核验其与地板施工方案的协调性。

如现场切割板切割尺寸小于 100mm（不含斜边、圆弧切割板），应适当调整排板基准。核验地板及配件材料质量依据有关标准现场抽验原材料，合格后方可使用。因各层标准间尺寸有一定差别，并且空调送风管路走线也有所不同，因此每层施工前均应按要求清理基层，核对后进行施工。施工前均应设置各工作区域（铺板、材料推放、设备使用等）。

弹线 按排板图要求，在基层上弹出版基准线。

地板支架装配连接 将支座调整到设定高度，从排板图基准点开始将支座顺序放置于地面合适位置（地板高度应依靠支座自身调节装置进行调节，并用螺母锁紧，严禁用物品塞垫）。

采用激光扫平仪调节地板水平 在基准点放置第一块地板，并用水平仪、高度尺找平调整定位后拧紧四角螺钉。

采用螺丝刀调地板水平 按顺序铺装地板，并按要求随时调整地板整体平面度及高度，并随时清扫地面，严禁将施工废弃物遗留在地板下面。板面组装四周要画线，使其连接适配，板面与垂直面相接处的缝隙不大于 3mm。

紧锢螺钉 将整板全部铺设完成后，收边处小于整块地板幅面尺寸，编号实测后进行切割，注意切割时合理配比，满足最小损耗要求。板面的切边用制造商提供的标准组件，使板面与周边或障碍物正配。切割板切割边去毛刺，切割面涂灰色防锈漆。

放置地板 切割板的铺设严格按设计方案进行，保证切割板安装后的密封性能与普通板一致。安装后的地板系统和辅助配件，必须安装牢固，不得有颤动、摇晃、嘎嘎作响及其他不允许的现象出现。

验收 地板系统布局应与中标方提供的施工图上所标示的栅格图案相一致，按建筑师所批准的方式进行调整以便与其他的工程布局相吻合。安装好的通道地板系统在任一 3m 长度的水平偏差应在 ±1.5mm 范围之内，整个地板的水平偏差为 ±2.5mm。

地毯铺设的工艺流程：测量尺寸→裁切→铺设→成品保护→验收。

测量尺寸 测量房间尺寸要准确，长宽净尺寸即为裁毯下料依据，要按房间和地毯型号逐一填写登记表。

裁切 化纤毯裁切应在专门的室外大平台上进行，按房间尺寸形状用裁边机断、下地毯料，每段地毯要比房间长出约 20mm。宽度要以裁去地毯边缘线后的尺寸为准，弹线裁去地毯边缘部分，然后以手推裁刀从毯背裁切，裁后卷成卷，编上号，运入对号房间。宴会厅、餐厅等大面房间在施工地点裁剪拼缝。

铺设 将地毯裁边、黏结拼缝成一整片，整片的尺寸要大于房间长宽尺寸 10 ~ 20mm。拼缝的方式有两种：第一种是用地毯烫带，先将地毯反过来，用烫带压在对缝处，再用电烫斗将其烫在地毯上；第二种是在两地毯的背面，用粗针缝上数针，以麻布衬带粘贴在地毯对缝处。

将黏结拼缝好的整片地毯，直接摊盖而不与地面粘贴，四周沿墙脚修齐即可。对缝拼接地毯时，要观察毯面绒毛的走向和织纹的走向，对缝时要按同一走向来拼接。地毯铺设的方向要使毯面上绒毛的走向背光，这一点在对缝拼接时也要注意。

成品保护 地毯铺设完毕，应对地面进行彻底打扫，清除毛屑粉尘。关闭门窗，防止风雨尘沙的侵袭。必要时，可用塑料薄膜封盖地毯。

验　　收 表面平整度允许偏差 1mm、阴阳角方正允许偏差 2mm、接缝垂直度允许偏差 2mm、接缝高低差允许偏差 1mm。

七至九层共享大厅

材料

吊顶采用铝板密缝拼装，满天星 LED 筒灯，四周采用铝板拼接镶嵌 LED 灯带。

墙面采用玻璃隔断。

地面铺设架空地板，铺贴蓝色块毯。

施工工艺

玻璃隔断工艺流程：测量放线→预埋铁件、玻璃槽安装→玻璃块安装定位→注胶→清洁卫生。

测　量　放　线 根据设计图纸尺寸测量放线，测出基层面的标高，玻璃墙中心轴线及上、下部位，收口 U 形 3×3、3×4 钢槽的位置线。

七～九层共享空间吊顶图

吊顶细部收口

玻璃隔断效果图

预埋铁件、玻璃槽安装 根据设计图纸的尺寸安装槽底钢部件，用膨胀螺栓固定，然后安装上部、侧边钢件玻璃槽。调平直，然后固定。安装槽内垫底胶带，所有非不锈钢件涂刷防锈漆。

玻璃块安装定位 防火钢化平板玻璃全部在专业厂家定制，运至工地。首先将玻璃槽及玻璃块清洁干净，用玻璃安装机或托运吸盘将玻璃块安放在安装槽内，调平、竖直后用塑料块塞紧固定，同一玻璃墙全部安装调平、竖直才开始注胶。

注胶 首先清洁干净上、下部位、侧边 U 形 3×3、3×4 钢玻璃槽及玻璃缝注胶处，然后将注胶两侧的玻璃、不锈钢板面用白色胶带粘好，留出注胶缝位置。按国家规定要求注胶，同一缝一次性注完刮平，不停歇（注胶缝必须干燥时才能注胶，切忌潮湿 上、下部不锈钢槽所注的胶为结构性硅胶，玻璃块间夹缝所注的胶为透明防火玻璃胶）。

清洁卫生 将安装好的玻璃块用专用的玻璃清洁剂清洗干净（切勿用酸性溶液清洗）。

电梯前室

材料

吊顶主要材料为石膏板、软膜顶棚。

墙面以木色抗倍特防火板间隔安装，局部墙面为 10mm 厚钢化背漆玻璃。

大堂地面采用石材与块毯及瓷砖相互衔接。

石膏板吊顶工艺流程：顶棚标高弹水平线、划分龙骨分档线→安装吊杆挂件→安装边龙骨→安装主龙骨→安装次龙骨→罩面板安装→涂饰工程→接缝处理→成品保护。

电梯前室

施工工艺

抗倍特板墙面工艺流程：清理基层→放线→骨架安装→基层安装→板材粘贴→收口打胶。

清理基层 确保基层无污染物。

放　　线 从墙面部分的两端，由上至下吊出垂直线，投点在地面或固定点上，找垂直时，一般板背面与基层的空隙（即架空层）为 50 ~ 70mm。按吊出的垂直线，连接两点作为起始层挂装板的基准，基层立面上按板材的大小和缝隙的宽度，弹出横平竖直的分格墨线。

骨架安装 按设计要求安装基层骨架。

基层安装 骨架使用大芯板为基层，按照最终抗倍特板造型分格进行制作安装。

面层粘接 按照预先排好的分格进行抗倍特板粘接。

收口打胶 首先清洁干净抗倍特板分格预留胶缝注胶处，然后用美纹纸将注胶两侧的抗倍特板粘好，留出注胶缝位置。按国家规定要求注胶，同一缝一次性注完刮平，不停歇（注胶缝必须干燥时才能注胶，切忌潮湿）。

石材地面施工工艺流程：图纸会审→现场测量→绘制石材安装平面图及模数图→安排加工生产→弹线确定标高→基底处理→铺抹结合层砂浆→铺设花岗石→养护→勾缝→检查验收。

施工要点

试拼编号：在正式铺设前，对每一房间的石材板块，应按图案、颜色、纹理试拼，将非整块板对称排放在房间靠墙部位，按编号顺序排列，然后按编号码放整齐。

找标高：根据水平标准线和设计厚度，在四周墙、柱上弹出面层的上平标高控制线。

基层处理：把粘在基层上的浮浆、落地灰等用錾子或钢丝刷清理掉，再用扫帚将浮土清扫干净。

铺贴前板块应先浸水湿润，阴干后擦去背面浮灰方可使用。

石材板地面缝宽为 1mm；黏结层砂浆为 15 ~ 20mm 厚干硬性水泥砂浆，抹黏结层前在基层刷素水泥浆一遍，随拌随铺板块，一般先由房间中部向四侧退步铺贴；凡有柱子的大厅，宜先铺柱子与柱子中间部分，然后向两边展开。也可先在沿墙处两侧按弹线和地面标高线先铺一行石材板，以此板作为标筋两侧挂线，中间铺设以此线为准。

安放时四角同时往下落，并用皮锤或木锤敲击平实，调好缝，铺贴随时检查砂浆黏结层是否平整、密实，如有空隙不实之处，应及时用砂浆补上。

板块铺贴次日，用素水泥浆灌 2/3 高度，再用与面板相同颜色的水泥浆擦缝，然后用干锯末拭净擦亮。

贵宾室

吊顶采用石膏板吊顶，LED 灯具。

贵宾室

墙面为素色壁纸，构造柱、造型墙面采用 5mm 厚抗倍特板包裹。

地面使用水泥自流平地面后，铺设整体手工编织毯。

位于十五层的贵宾室占地面积 126m²，装饰效果高端、大气。

电视电话会议室

吊顶材料为铝格栅。

墙面材料为石膏板、海基布墙面、木质造型柱、造型墙面。

地面材料为架空地板、办公块毯、不锈钢压条。

电视电话会议室

某层共享空间

墙面发光灯槽

多功能厅（餐厅）墙面细部

多功能厅（餐厅）顶棚细部

天津数字电视大厦二期酒店精装修工程

项目地点

天津市河西区梅江道

工程规模

本工程由一楼大堂，六至十七层酒店客房组成。其中大堂面积 1100m^2，六至十七层酒店客房面积 14900 m^2。工程造价约 6068.2 万元

建设单位

天津电视台

承建单位

天津华惠安信装饰工程有限公司

开竣工时间

2014 年 4 月 ~ 2016 年 12 月

获奖情况

荣获 2017 年度“鲁班奖”

酒店外观

设计特点

建筑主要功能及性质

本工程主要集中于主体结构北楼，框架结构，耐火等级一级，其中六至十七层为酒店，以住宿休息为主，装修面积约 14900 m^2。一层为酒店大堂，装修面积约 1100m^2。

设计思想

依托天津广播电视台作为全国一流媒体的资源、品牌优势，依托区域功能定位和综合发展布局，打造与天津北方经济中心和现代化国际大都市定位、天津广播电视台全国一流媒体地位、天津市经济社会发展战略和目标相适应的，集影视制作、文化会演、创意设计、金融贸易、科技教育、餐饮娱乐、酒店康体等于一身的高品质新型文化商务中心，成为城市亿元楼宇新品牌、天津文化发展的新地标。

设计元素

客房内以墙面浅黄色壁纸，顶面浅黄色乳胶漆，地面浅灰色地毯的暖色调，配以银檀本色木饰门，再配以遮光的暗色窗帘，大堂吊顶则以“琴键型”木纹铝板配以黑色复合石材，再配以七彩变换水晶吊灯、地面金蜘蛛、金色石材，显示出“富丽堂皇”。大堂空间既简单、明亮，又不失高贵、典雅。

设计效果

在充分满足使用功能，体现高效服务、节能环保的设计理念的基础上，各部位功能明确，通过清晰的标识系统把各功能分区有机结合起来，打造整个住宿环境的温馨感。一楼大堂通过大空间、金色石材、透光色石材，体现酒店的级别与大气；客房部分通过“暖色”的设计，结合先进的弱电系统，体现酒店特色的同时又方便客人操作，使其住得舒心。

功能空间

本工程由一层大堂及六至十七层酒店客房组成，酒店大堂包括接待台、行李间、厕所、电梯间，客房部分包括客房、走廊、电梯厅、楼梯前室。

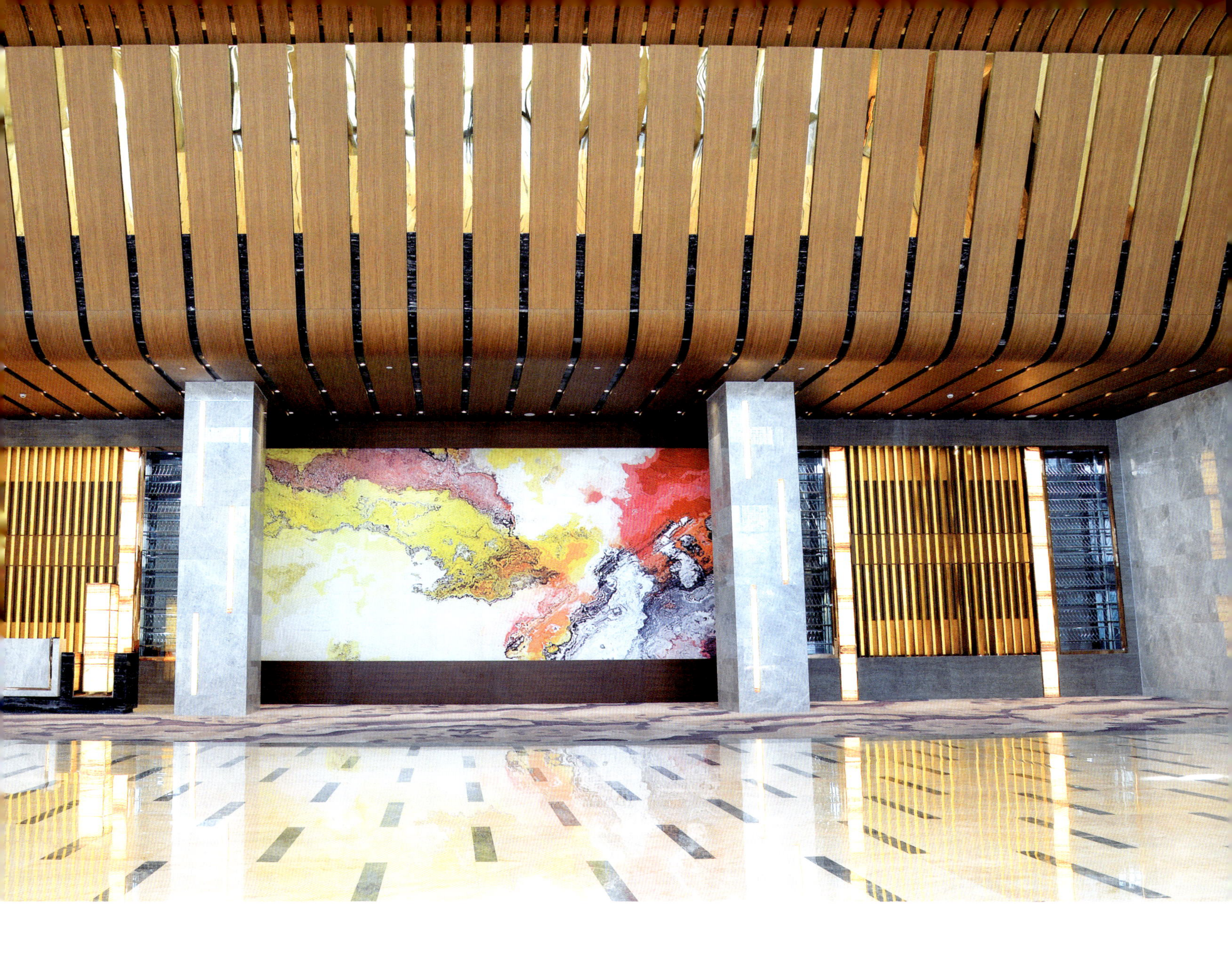

大堂

材料

吊顶采用 50 角铁、轻钢龙骨、维纳斯灰石材、覆膜铝板、金色不锈钢、复合石材、七彩水晶吊灯、LED 筒灯。

墙面选用 25mm 厚维纳斯灰酸洗及亮面石材，柱子采用 25mm 维纳斯灰石材和透光石，大厅为艺术墙，两侧为酒柜和木质垂片艺术墙，两侧为透光石，中间为艺术抽象意大利灰泥壁画，进门一侧窗花，大接待台后为樱桃红挂板。

地面基层水泥砂子，水泥自流平。面层地面选用 20mm 厚“金蜘蛛”和 20mm 厚“银顶灰”大理石材，靠近里侧为 8mm 厚纯羊毛暗红色地毯，大理石地面作结晶处理。地毯与石材交接处作 4mm 厚不锈钢分割。

覆膜铝板吊顶

施工工艺

覆膜铝板吊顶施工工艺流程：测量放线→预埋板、转换层焊接→吊杆安装→覆膜铝板安装→不锈钢、石材安装→设备安装→后期处理。

测量放线 根据图纸对现场的轴线、标高、墙柱位置进行测量，校核误差，根据实际尺寸调整图纸，再将图纸上的轴线完成面、标高线弹到墙面。局部焊接，做好防锈处理；按图纸预留“马道”方便后期维修；最后按图纸面及柱面做好明确标记。

预埋板、转换层焊接 搭设满堂红脚手架，安装镀锌面板，然后用螺栓焊接角铁转换层。

吊杆安装 根据图纸放线排布吊杆位置，吊杆连接在转换层角铁上，采用 $\phi 8$ 吊杆，吊杆间距严格控制在规范以内。

覆膜铝板安装 平面吊顶覆膜铝板自带花骨吊件，跌级搓台部位，铝板与角铁用角码和自攻螺钉固定。

不锈钢、石材安装 缝隙之间用细木工板作基层，不锈钢用玻璃胶粘贴，石材用 AB 树脂胶粘贴，后背“铜丝”，以防脱落。

设备安装 铝板吊完后，擦拭干净，然后安装筒灯、烟感、风口、水晶吊灯等，最后进行灯光调试。

后期处理 检查覆膜铝板，平整度不大于 3mm，从大堂低端看不见缝隙。各材质接口处缝隙

一致，不大于 3mm，且不透底，缝隙一致，透明玻璃胶处理，验收合格后，拆除钢管架子。

工艺重点：覆膜铝板吊顶面积大、跨度大，顶面铝板的难点是保证与各顶面内其他材质的连接收口，并保证铝板之间的缝隙严密。

石材墙面施工工艺流程：测量放线→各材质墙面基层施工→主材面层施工→后期处理。

测量放线 根据图纸对现场的轴线、标高、墙柱位置进行测量，校核误差，根据实际尺寸调整图纸，再将材质区域分割线及图纸上的轴线完成面、标高线弹到墙上。

各材质墙面基层施工 根据各部位材质不同确定施工区域基层的做法，并留好基层完成面的高差。如干挂大理石墙面基层为钢骨架，挂板墙面为细木工板基层，完成面错台 2cm，基层错台 5cm。

主材面层施工 石材为干挂法，挂板为挂条法，玻璃为胶黏法，不锈钢为胶黏法，窗花与预埋件拴接。

干挂法。石材要求厚度为 25 ~ 30mm，侧面开槽 5 ~ 8mm，深度 15 ~ 20mm，内填 AB 树脂胶，填满。云石胶临时粘贴挂件掰差部分，“T”字形挂件与石材连接，挂件再与钢骨架拴接固定。

挂条法。挂条侧口做成 ±45° 角，挂条横向或竖向与基层固定，挂条与挂板按与基层挂条相等尺寸与挂板背部固定，然后挂条再与挂板插接固定。

玻璃胶粘法。2mm 厚、20mm 宽海绵双面四周粘满，中间打中性玻璃胶。然后与基层粘贴，玻璃四周再粘贴美纹纸与四周粘牢。玻璃与基层固定牢靠后，再撕掉美纹纸。

不锈钢胶黏法。用玻璃胶或 801 胶与基层粘贴，完成面贴美纹纸，再用木方或其他支撑临时支撑 6h 左右，固定牢靠后再撤支撑，撕掉美纹纸。

墙面石材效果图

地面效果图

后期处理 窗花、挂板、垂片等保证横平竖直，误差控制在 1mm 左右。石材平整度控制在 1mm 左右，打胶收口部位保证胶的颜色接近，并顺直、光滑。

墙面材质使用较多，主要包含石材、窗花、玻璃、壁画、挂板、锤片、不锈钢等。各材质接口部位的缝隙、石材的平整度是该施工部位的难点。

施工工艺

地面施工工艺流程：测量放线→基层清理→水泥砂浆找平层→水泥自流平→地毯、石材铺贴→后期处理。

测量放线 根据图纸对现场的标高进行测量，校核误差，根据实际尺寸调整图纸，再将材质区域分割线及图纸上的轴线完成面、标高线弹到墙上。

基层清理 对原土建基层进行检查，发现起砂、空鼓等现象及时处理。

找平层 按 1 ： 2.5 的水泥砂子比例进行找平，全部使用河砂，做完找平层后及时养护。

水泥自流平 为保证地毯的脚感，在找平层的基层上再做一遍水泥自流平。

地毯、石材铺贴 石材铺贴一定用白水泥“刮膏”，试铺后，挂满白水泥，用皮锤敲实、敲平。地毯铺贴先钉倒刺板，再铺防潮垫，最后张拉伸平。

后期处理 石材再做一遍岩磨结晶处理，保证平整度与亮度。地毯踩踏无高低错落现象。

地面施工难点主要是控制石材的平整度、空鼓率，及地毯交界处的平整度。

十七层住宅式客房

材料

吊顶为轻钢龙骨体系、双层纸面石膏板、浅黄色乳胶漆、木挂板、稻米色壁纸、内嵌不锈钢。

客房实景

客房实景局部

墙面材料为布艺硬包、稻米色壁纸、樱桃红木挂板。

地面材料为银鼎灰大理石、枣红色实木复合地板。

施工工艺

吊顶施工流程：测量放线→轻钢龙骨安装→细木工板基层→石膏板安装→腻子乳胶漆施工→木饰面板安装→后期处理。

测量放线	根据图纸对现场的标高进行测量，校核误差，根据实际尺寸调整图纸，再将材质区域分割线及图纸上的轴线及完成面线、标高线弹到墙。
轻钢龙骨安装	弹线，打眼，下 ϕ 8 吊筋及吊挂，安装 50 主骨，编制 50 副骨，根据图纸及要求起拱、做跌级，最后加固调平。
细木工板基层	涂刷防火涂料，按图纸切割不同尺寸板材，与龙骨进行安装，检查平整度。
石膏板安装	两层石膏板接缝不在同一处时，两层石膏板间刷白胶，自攻螺钉间距在 170mm 左右。
腻子乳胶漆施工	严格按照油工施工工艺及点防锈漆→开缝→嵌缝（嵌实，饱满）→贴绷带（或沙白布）→粉刷石膏找平→两遍腻子→打磨→三遍乳胶漆→修补的施工工艺。
木饰面板安装	保证跌级高低差，并保证横平竖直。
后期处理	乳胶漆保证涂刷均匀，在强光照射下保证没有太多阴影，木饰面板没有明显色差和划痕。各灯具保证居中“一线”等美观要求。

跌级石膏板吊顶及木挂板的安装是吊顶工作的难点。

墙面施工工艺流程：测量放线→硬包基层制作→木挂板基层制作→石材基层制作→饰面主材安装→后期处理。

测量放线	根据图纸对现场的标高进行测量，校核误差，根据实际尺寸调整图纸，再将材质区域分割线及图纸上的轴线完成面、标高线弹到墙。
硬包基层制作	防腐处理木楔→防火处理后的木龙骨→防火处理后的木条调平→防火处理的细木工板基层。
木挂板基层制作	防腐处理木楔→防火处理后的木龙骨→ 50 轻钢龙骨调平→防火处理的细木工板基层。
石材基层制作	40mm × 40mm 镀锌方通按排模石材尺寸焊接与墙顶生根。
饰面主材安装	硬板采用胶粘加气钉固定，挂板采用挂条安装，石材采用干挂法、壁纸粘贴等。
后期处理	保证各主材之间的错台尺寸，以防开裂，调好相同颜色玻璃胶打胶收口。

局部效果

墙面面层主材较多，各饰面基层的完成尺寸和误差是施工时需控制的难点。

地面石材、木地板施工工艺流程：测量放线→毛地板安装→石材粘贴、木地板安装→验收。

测量放线 根据图纸对现场的标高进行测量，校核误差，根据实际尺寸调整图纸，再将材质区域分割线及图纸上的轴线完成面、标高线弹到墙上。

毛地板安装 木龙骨作防火处理，与原建筑结构胀管连接调平，撒上防虫药，15mm 厚多层板安装，抄平。

石材粘贴、木地板安装 石材粘贴，采用干“硬性灰法”，清理基层，清理掉地面空鼓和一些松软的落地灰等；撒素水泥浆，水泥加水满涂在地面上；1 ：2.5 水泥砂子搅拌，用手攥成块状即可，铺在地面上，厚度为 4cm，石材放上试铺一次，观察干硬性灰的饱满程度，饱满后，刮素白水泥膏，皮锤敲实，铺平。木地板粘贴垂直入户门，“骑马缝”铺贴。

验　　收　石材空鼓率不大于 4%，且分布在石材角上，木地板踩踏无明显凹凸不平，且水平误差不超过 3mm。

地面石材面积大，切忌切不规律，要严格按照排模施工，保证石材的空鼓率，与地板平整是难点。

普通客房

材料

吊顶材料为轻钢龙骨、双层纸面石膏板、腻子乳胶漆饰面。

墙面材料为银檀木挂板，卫生间墙面大理石，室内墙面壁纸、壁画、硬包影视墙。

地面材料为大理石材、织背地毯。

施工工艺

吊顶施工工艺流程：测量放线→轻钢龙骨体系安装→双层石膏板安装→腻子乳胶漆饰面→后期处理。

测量放线　根据图纸对现场的标高进行测量，校核误差，根据实际尺寸调整图纸，再将材质区域分割线及图纸上的轴线完成面、标高线弹到墙上。

轻钢龙骨体系安装　下 ϕ8 吊筋及吊挂，安装 50 主骨，编制 50 副骨，根据图纸及要求起拱、做跌级，最后加固调平。

双层石膏板安装　根据房间尺寸进材料，先上头一层石膏板，再上另一层石膏板，错峰安装。两层石膏板之间刷胶，自攻螺钉间距在 170mm 左右，石膏板接缝处 2cm 左右按图纸要求留好影子缝。

腻子乳胶漆饰面　严格保持点防锈漆→开缝，嵌实→贴绷带→粉刷石膏找平→两遍腻子→打磨→三遍乳胶漆的施工工艺。

后期处理　筒灯安装的位置尽量避开龙骨，且保证正确打胶收口，保证胶的颜色与挂板接近，影子缝的直线度控制在 1mm 左右，保证两层影子缝的宽度深度一样。

墙面施工工艺流程：测量放线→硬包基层制作→饰面主材安装→后期处理。

影视墙面效果

测量放线 根据图纸对现场的标高进行测量，校核误差，根据实际尺寸调整图纸，再将材质区域分割线及图纸上的轴线完成面、标高线弹到墙上。

硬包基层制作 防腐处理木楔→防火处理后的木龙骨→防火处理后的木条调平→防火处理的细木工板基层。

饰面主材安装 硬包采用胶粘加气钉固定及硬包背部打点玻璃胶，均匀排满，30mm 长纹钉斜侧方向钉入硬包与基层，挂板采用“挂条法”，挂条采用 ±45° 角，挂条横向或竖向与基层固定，挂条与挂板按与基层挂条相等尺寸与挂板背部固定，然后挂条再与挂板插接固定安装、壁纸粘贴等。

后期处理 壁画粘贴基层一定做好“墙固”处理，保证各主材之间的错台尺寸，以防开裂，调好相同颜色玻璃胶打胶收口。

大堂电梯厅

顶面材料为轻钢龙骨、防火石膏板、腻子乳胶漆饰面。

墙面材料为酸洗加亮面大理石材、玫瑰金不锈钢。

地面材料为维纳斯灰石材。

吊顶

墙面

客房电梯厅

材料

吊顶材料为轻钢龙骨、防火石膏板、腻子乳胶漆饰面。

墙面材料为皮革硬包，木饰面板，玫瑰金不锈钢。

地面材料为维纳斯大理石材。

施工工艺

墙面施工工艺流程：测量放线→硬包基层制作→木挂板基层制作→饰面主材安装→后期处理。

测量放线 根据图纸对现场的标高进行测量、校核误差，根据实际尺寸调整图纸，再将材质区域分割线及图纸上的轴线完成面、标高线弹到墙上。

硬包基层制作 对木楔作防腐处理，做成直径 15mm、长 20mm 的锥子型，钉入提前打好的洞内。防火处理后的木龙骨用直钉与木楔固定进行第一次调平，防火处理后的细木工板木条与木龙骨固定进行第二次调平，防火处理的细木工板做最后的基层。

木挂板基层制作 对木楔进行防腐处理，做成直径 15mm、长 20mm 的锥子型，钉入提前打好的洞内，防火处理后的木龙骨用直钉与木楔固定，进行第一次调平。50 轻钢龙骨调平扣在木龙骨上进行第二次调平，防火处理的细木工板做最后的基层。

饰面主材安装 硬板采用胶粘加气钉固定，挂板采用挂条安装，石材采用干挂法，壁纸粘贴等。

后期处理 皮革硬包面拉伸好，保证不起皱。平整度控制在 1mm 以内。玫瑰金不锈钢嵌条光滑平实。与硬包的凹凸错漏差一样，误差控制在 1mm 以内。

墙面硬包按排模按装的平整度要求及玫瑰金不锈钢镶嵌平整、凹凸一致是墙面施工的难点。

天津市北辰医院新建科研教学楼项目一期装饰装修工程

工程规模

北辰医院新建科研教学楼，主楼地上 8 层为教学办公及病房，地下 1 层为食堂用房

建设单位

天津市北辰医院

开竣工日期

2017 年 3 月 5 日 ~ 7 月 31 日

获奖情况

荣获 2018 年度“海河杯”金奖

社会效益及使用效果

充分满足使用功能，体现高效服务，从简洁、适用、环保、节约的角度考虑，优化使用功能与人流动线，提高使用效率。图书馆通过圆形吊顶、敞开式阅览区，展示医院的人性化理念；虚拟手术室宽敞明亮的简单装饰，既向患者展示了治疗过程，又加强了医护人员的学习；护士接待台是百姓服务的窗口，通过柔和的色调、温馨的氛围营造出热情严谨的服务环境。

工程外观

设计特点

建筑主要功能及性质

天津市北辰医院科研教学综合性办公楼为框架剪力结构，耐火等级为一级，装修总面积 11576m^2，包括共享大厅、教学大厅、餐厅、厨房、图书馆、普通教室、办公室、房等功能用房。

设计思想

突出全面的教学办公功能，办公人员在此工作舒适、方便，可以更好地专心科研以服务百姓，创造良好的医患关系。

纸面石膏板软膜顶棚图

大堂干挂石材墙面

设计元素

白色吊顶，灰色墙地面为主色调，彰显科研工作者的简单、干练精神，以及全心全意投入医疗科研当中去的态度。

功能空间

一楼共享大堂

材料

顶面材料为轻钢龙骨、石膏板、软膜顶棚。

墙面材料为镀锌钢骨架、大理石材。

地面材料为水泥砂浆、水泥自流平、塑胶地板。

施工工艺

石膏板吊顶施工工艺流程：测量放线→吊杆安装→轻钢龙骨编制→灯盒制作→石膏板安装→腻子乳胶漆→设备安装→验收。

测量放线 根据图纸对现场的轴线、标高、墙柱位置进行测量，校核误差，根据实际尺寸调整图纸，再将图纸上的完成面线弹到墙上。

吊杆安装 现场搭设满堂红脚手架，根据图纸放线排布吊杆位置，吊杆采用 8mm 通丝吊杆，配 ϕ 10 内膨胀螺栓，吊杆间距严格控制在规范以内，膨胀螺栓紧固到位。

轻钢龙骨编制 按照图纸尺寸及规范要求，编制轻钢龙骨，预留好灯盒位置。

灯盒制作 在轻钢龙骨体系中预留灯盒的位置，用阻燃板按预留尺寸制作灯盒，涂刷见白。

石膏板安装 两层石膏板接缝不在同一处时，两层石膏板间刷白胶，自攻螺钉间距在 170mm 左右，石膏板与石膏板之间留 3 ~ 5mm 的缝隙。

腻子乳胶饰面 严格按照开缝→点防锈→嵌缝填实→白乳胶粘绷带→粉刷石膏找平→两遍腻子→三遍乳胶漆的施工工艺进行。

设备安装 清理吊顶内的灰尘、杂物，安装筒灯、灯带，清理软膜顶棚表面的灰尘，安装软膜顶棚，进行灯光的调试和通电试运行。

验收 检查修补饰面乳胶漆，本工程石膏板吊顶表面平整度不大于 3mm，接缝直线度不大于 3mm，接缝高低差不大于 1mm，软膜顶棚灯带无光斑、无阴影、照度均匀，乳胶漆涂刷均匀，从各角度看无刷痕、无开裂、无变形现象，验收合格后拆除脚手架。

纸面石膏板软膜顶棚吊顶面积大、跨度大，难点是防止开裂和控制涂料的光斑、刷痕。

接待台

墙面石材挂装施工工艺流程：结构尺寸检验、测量→绘制石材排模及加工图→石材加工→安装镀锌埋板→龙骨焊制→安装石材板→成品保护→验收。

结构尺寸检验、测量	在石材排模前，复核土建工程精度，对于其中细微的偏差在排模下料时进行调整，使其不影响整体装饰效果和验收标准。
绘制石材排模及加工图	根据现场测量的结果，绘制出每个墙面的立面尺寸图及石材分格图，并进行编号。在图中精确地反映墙面标高尺寸、洞口尺寸以及水电、消防等工程需要预留洞口的位置及尺寸等信息。
石材加工	在石材加工厂进行石材表面处理并进行预铺装，确保纹路顺畅，减少色差。进场后石材堆放场地夯实，垫通长木方，75° 角立放斜靠在专用的钢架或墙面上并靠紧码放。
安装镀锌埋板	工程墙体为轻质墙体不能承载干挂石材骨架的荷载时，埋板设在墙体顶部的混凝土梁及楼板上，其中混凝土梁埋板主要起拉结骨架的作用，不作主要承重构件，重量通过骨架底部的埋板传到混凝土楼板上。
龙骨焊制	根据石材模数焊接主龙骨及水平龙骨，龙骨的长边与埋板成垂直方向以增加龙骨的强度，水平龙骨焊制前应进行切割，长度比两主龙骨间距离短 5mm，以便于安装。固定时水平龙骨的一端与主龙骨进行焊接，另一端与特制钢角码通过 M10 螺栓进行拴接。焊口处进行清渣处理，并补刷两遍防锈漆。
安装石材板	石材板面在进行安装前检查是否有缺棱、掉角或不平整等缺陷。板面安装时严格按照排模编号的顺序自下而上进行，相同尺寸之间无任意替换现象。安装时，同一面层的墙体挂通线。本工程采用 L 形不锈钢挂件作为石材与骨架的连接件，每块石材上下边应各开两个短槽，槽长不小于 10mm，槽位根据石材的大小而定，距离边端不小于石材板厚的 3 倍，且不大于 180mm；挂件间距不大于 600mm；边长不大于 1m 时，每边设两个挂件。石材开槽后无损坏或崩裂的现象，槽口打磨成 45° 倒角，槽内光滑、洁净；为减少作业面污染，在加工区统一开槽，挂件与石材连接牢固，填补环氧树脂结构胶。
成品保护	石材板面安装完毕，为防止将板面划伤，需确保无施工材料、器具、木梯等杂物倚靠石材板面现象。
验收	本工程石材墙面表面平整度不大于 2mm、立面垂直度不大于 2mm、接缝直线度不大于 2mm、接缝高低差不大于 0.5mm，墙面石材无任何修补和破损现象。

地面石材铺装施工工艺流程：工厂加工、试拼→弹线→试排→基层处理→铺砂浆→铺石材→灌缝、擦缝→养护→研磨、结晶→验收。

工厂加工、试拼 考虑石材分格与大厅各个入口的对应关系，精确排模，确定每块石材的规格尺寸和位置编号，在工厂加工后预拼花纹，异形石材在工厂内进行切割。对大理石按图案、颜色、纹理试拼，试拼后按两个方向编号排列，然后按照编号码放整齐，做好防护处理和包装。

弹线 施工前在墙体四周弹出标高控制线（依据墙上的 50cm 控制线），在地面弹出十字线，以控制石材分隔尺寸。找出面层的标高控制点，在墙上弹好水平线，与各相关部位的标高控制一致。

试排 两个互相垂直的方向铺设两条干砂，宽度大于板块，厚度不小于 3cm。根据试拼石板编号及施工大样图，结合实际尺寸，把石材板块排好，检查板块之间的缝隙，核对板块与墙面、柱、洞口等部位的相对位置。

基层处理 在铺砂浆之前将基层清扫干净，包括试排用的干砂及石材，然后用喷壶洒水湿润，刷一层素水泥浆，水灰比为 0.5 左右，随刷随铺砂浆。

铺砂浆 根据水平线，定出地面找平层厚度，拉十字控制线，铺结合层水泥砂浆，结合层采用 1 ∶ 3 干硬性水泥砂浆。

铺石材 先里后外沿控制线进行铺设，按照试拼编号，依次铺砌，逐步退至门洞口。铺贴前为防止出现空鼓现象，石材铲除背网后刷防水防空鼓背胶，石材背面满刮白水泥素浆，然后正式镶铺。安放时四角同时落下，用橡皮锤轻击木垫板，根据水平线用水平尺找平，铺完第一块向两侧和后退方向顺序镶铺。镶铺时注意石材纹路方向和色差，石材之间不留缝隙。石材搬运时防止磕碰损坏，大理石破损后要仔细粘接修补，再进行铺装，防止出现返黑返碱。

灌缝、擦缝 在镶铺后 1 ～ 2 昼夜进行灌浆擦缝。根据石材颜色选择相同颜色矿物颜料和水泥搅拌均匀调成 1 ∶ 1 稀水泥浆，用浆壶徐徐灌入大理石或花岗石板块之间的缝隙，分几次进行，并用长把刮板将流出的水泥浆刮除并向缝隙内喂灰。灌浆时，多余的砂浆应立即擦去，灌浆 1 ～ 2h 后，用棉丝团蘸原稀水泥浆擦缝，与板面擦平，同时将板面上水泥浆擦缝。

养护 面层施工完毕，浇水养护一周，养护后铺防护膜进行保护。

研磨、结晶 交工前一周进行填缝修补，按由粗到细的顺序进行研磨处理，最后用结晶粉进行抛光。

验收 本工程石材地面表面平整度不大于 1mm，缝格平直不大于 1.5mm，接缝高低差为 0，地面无空鼓现象，花纹顺畅、无色差、无裂痕，整体质量水平高于国家验收标准。

地面石材平整度是此项目施工的难点。

教学楼图书馆

教学楼图书馆

材料

顶面材料为 50 轻钢龙骨、9.5mm 厚纸面石膏板、腻子乳胶漆、软膜顶棚。

墙面材料为成品书柜。

地面材料为水泥、砂子、水泥自流平、塑胶地板。

施工工艺

石膏板吊顶施工工艺流程：测量放线→吊杆安装→轻钢龙骨编制→灯盒制作→设备安装→验收。

测量放线 根据图纸对现场的轴线、标高、墙柱位置进行测量，校核误差，根据实际尺寸调整图纸，再将图纸上的完成面线弹到墙面上。

吊杆安装 现场搭设满堂红脚手架，根据图纸放线排布吊杆位置，吊杆采用 8mm 通丝吊杆，配 ϕ 10 内膨胀螺栓，吊杆间距严格控制在规范以内，膨胀螺栓确保紧固到位。

石膏板吊顶效果图

虚拟手术室

轻钢龙骨编制 按照图纸尺寸及规范要求，编制轻钢龙骨，预留好灯盒位置。

灯 盒 制 作 在轻钢龙骨体系中预留灯盒的位置，用阻燃板按预留尺寸制作灯盒，涂刷见白。

设 备 安 装 清理吊顶内的灰尘、杂物，安装筒灯、灯带，清理软膜顶棚表面的灰尘，安装软膜顶棚，进行灯光的调试和通电试运行。

验 收 检查无光斑、无阴影，照度均匀，乳胶漆涂刷均匀，从各角度看无刷痕，无开裂、无变形现象，验收合格后拆除脚手架。修补饰面乳胶漆，本工程石膏板吊顶表面平整度不大于 3mm、接缝直线度不大于 3mm、接缝高低差不大于 1mm。

纸面石膏板面积大、跨度大，顶棚的难点是防止开裂和控制平整度。

虚拟手术室

顶面材料为轻钢龙骨、T 形主副骨、600mm × 600mm 矿棉板。

墙面材料为防火埃特板、抗倍特板。

地面材料为水泥、砂子、水泥自流平、塑胶地板。

楼道走廊

吊顶材料为轻钢龙骨、石膏板、腻子乳胶漆饰面。

墙面材料为镀锌钢骨架、干挂瓷砖。

地面材料为水泥砂子、自流平、塑胶地板。

楼道走廊

地下一层餐厅

吊顶材料为轻钢龙骨、成品穿孔石膏板。

墙面材料为阻燃板基层、木饰面板。

地面材料为砂子、水泥、灰色瓷砖。

穿孔石膏板吊顶施工工艺流程：测量放线→吊杆安装→轻钢龙骨编制→成品穿孔石膏板安装→设备安装→验收。

穿孔石膏板吊顶效果图

测量放线	根据图纸对现场的轴线、标高、墙柱位置进行测量，校核误差，根据实际尺寸调整图纸，再将图纸上的完成面线弹到墙面上。
吊杆安装	现场搭设满堂红脚手架，根据图纸放线排布吊杆位置，吊杆采用 8mm 通丝吊杆，配 ϕ 10 内膨胀螺栓，吊杆间距严格控制在规范以内，膨胀螺栓确保紧固到位。
轻钢龙骨编制	按照图纸尺寸及规范要求，编制轻钢龙骨，预留好灯盒位置。
成品穿孔石膏板安装	按设计排模安装定制触控石膏板，修补打磨后，喷一层亮光漆。
设备安装	清理吊顶内的灰尘、杂物，安装平板灯，进行灯光的调试和通电试运行。
验收	检查无光斑、无阴影、照度均匀，乳胶漆涂刷均匀，从各角度看无刷痕，无开裂、无变形现象，验收合格保洁施工。

墙面施工工艺流程：预埋→木龙骨调平→阻燃板基层→木饰面板安装→验收。

预埋	将防腐处理后的木楔按照 300mm 间距，埋进墙内。
木龙骨调平	30mm × 40mm 木龙骨防火处理，用直钉与木楔固定，进行调平处理。
阻燃板基层	阻燃板基层固定在木龙骨上，垂直度、平整度控制在 3mm 以内。
木饰面板安装	5cm 带 45° 斜坡的高密度挂条按 600mm 间距竖向固定在基层墙面上，木饰面板背部反方向起钉固定挂条，然后木饰面板与基层板拼插连接。
验收	保证木饰面板的垂直度与平整度，控制在 1mm 以内。

墙面木饰面板的安装主要保证垂直度与平整度。

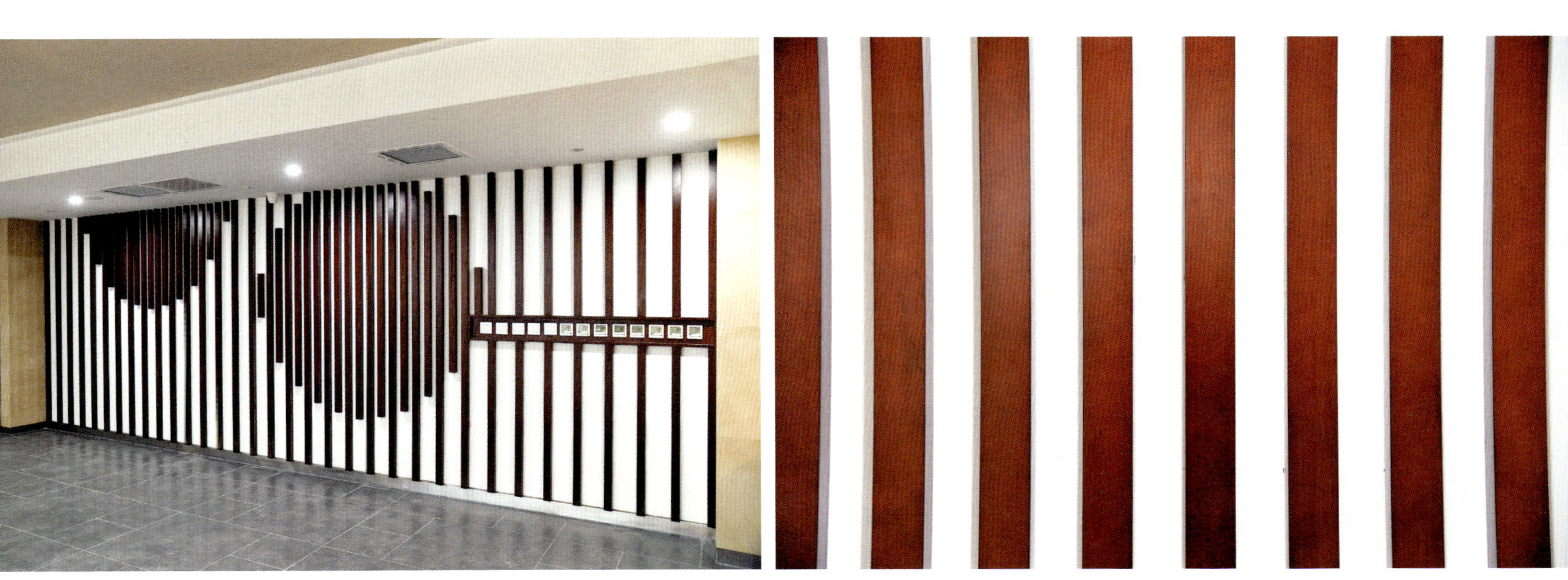

墙面木饰面板效果图

天津友谊宾馆室内精装修工程

项目地点

天津市和平区 94 号

工程规模

友谊宾馆酒店由地下 1 层，地上 9 层组成。总装修面积 $24678.84m^2$

建设单位

天津市旅游集团

承建单位

天津华惠安信装饰工程有限公司

开竣工时间

2012 年 6 月 ~ 2013 年 6 月

宾馆外观

宾馆内景

设计特点

设计思想

为方便天津市旅游业发展，以尊重天津市历史、经济适用为原则，以展现天津的热情、服务旅客，带动天津经济发展为主题思想。

设计元素

客房以暖色系为主，公共部位以金黄色系为主。

设计效果

突出办公休闲、娱乐等综合性功能，设计理念以人为本，个性化设计，从简洁、适用、环保、节约的

宾馆大堂电梯间

角度考虑，色彩与功能相结合；优化使用功能与人流动线，提高使用效率；采用成熟、节能的装饰材料和工艺做法，结合严格的管理和精细的施工，为业主提交满意的工程。

功能空间

其中地下一层为健身房、桑拿房、厨房区域及员工餐厅；一层是酒店大堂、宴会前厅、宴会厅、贵宾厅；二层是中餐厅、会议厅、就餐区域，三至八层为酒店客房；九层为全日制餐厅。

一层大堂

吊顶材料为轻钢龙骨、石膏板、白色乳胶漆、铜箔。

墙面材料为镀锌钢骨架、大理石材、成品 GRG 楼梯扶手。

地面材料为大理石材。

大堂吊顶施工工艺流程：测量放线→轻钢龙骨跌级编制→双层石膏板安装→乳胶漆涂刷→铜箔涂刷→验收。

测量放线 根据图纸对现场的轴线、标高、墙柱位置进行测量，校核误差，根据实际尺寸调整图纸，再将材质区域分割线及图纸上的轴线完成面、标高线弹到墙上。

轻钢龙骨跌级编制 用墨斗把十字线弹到顶面上，按交叉点打眼，下 ϕ8 吊筋及吊挂，按规范要求900 ~ 1200mm 装 50 主骨，300 ~ 600mm 编制 50 副骨，根据图纸及要求起拱、做跌级，最后加固调平。

双层石膏板安装 两层石膏板接缝不在同一处时，石膏板间刷白胶，自攻螺钉间距在 170mm 左右，石膏板接缝处 2cm 左右，螺钉进入石膏板 1mm，石膏板与石膏板之间留 3 ~ 5mm 的缝隙。

乳胶漆涂刷 严格按照开缝→点防锈漆→嵌实饱满缝隙→不起乳胶粘绷带→粉刷石膏找平→两遍腻子→三遍乳胶漆的施工工艺。用壁纸刀或锯条把石膏板对接处锯毛，开成45° 八字角，清理干净，用毛笔等蘸防锈漆点匀快丝钉眼；嵌缝石膏：把石膏板对接之间的缝隙嵌实饱满，然后把泡软后的绷带，用白乳胶进行粘贴；整个石膏板吊顶面用 108 胶搅拌的粉刷石膏找平，然后刮腻子膏，刮平，油工手持灯具进行打磨，先进行阴角处刷漆，再进行大面积辊刷。

大堂

大堂柱面装饰效果

铜箔涂刷	打磨平整，涂刷基膜等界面剂，均匀满涂胶水，戴手套粘贴铜箔。
验收	跌级造型尺寸结合图纸尺寸按比例缩放，以保证整体效果。缩放比例后的尺寸与图纸尺寸相差在 5cm 以内。

大堂吊顶造型多、材料多，因此跌级分格的排布是工程的难点。

墙面石材施工工艺流程：测量放线→石材钢骨架焊接→饰面板材安装→验收。

测量放线	根据图纸对现场的标高进行测量，校核误差，根据实际尺寸调整图纸，再将材质区域分割线及图纸上的轴线完成面、标高线弹到墙上。
石材钢骨架焊接	镀锌埋板用 12mm × 100mm 胀管固定在混凝土墙上，86 镀锌槽钢焊接在埋板上，50 镀锌角铁焊接在槽钢上，按石材排模尺寸进行骨架焊接。
饰面板材安装	石材采用干挂法，按照排模挑选石材，采用“T”字形不锈钢挂件，云石胶临时固定，AB 胶粘贴填充，在高处进行背部拴铜丝处理。
验收	石材垂直度控制在 1mm，平整度控制在 1mm 左右，无错台，最后结晶处理，保证墙面整体效果。

大堂墙面采用金线米黄石材，尤其是柱子更是墙面石材的亮点，因此墙面石材的平整度、垂直度是干挂石材墙面工程的难点。

地面施工工艺流程：测量放线→基层清理→石材铺贴→验收。

大堂地面细节

测量放线 根据图纸对现场的标高进行测量，校核误差，根据实际尺寸调整图纸，再将材质区域分割线及图纸上的轴线完成面、标高线弹到墙上。

基层清理 对原土建基层进行检查，发现起砂、空鼓等现象及时处理。

石材铺贴 素水泥浆涂刷一遍，按 1 ： 2.5 搅拌干硬性灰，达到“一攥成块”的效果，先石材拍实，再刮白水泥膏，橡皮锤拍实。

验　　收 各石材排模现场尺寸结合图纸尺寸按比例缩放，以保证整体效果。缩放比例后的尺寸与图纸尺寸相差在 5cm 以内。

大堂地面空间大，石材种类多，按图纸结合现场保证排模及效果是此项工程的难点。

酒店客房

吊顶材料为轻钢龙骨、石膏板、白色乳胶漆。

墙面材料为粉刷石膏、腻子、基膜、壁纸、瓷砖、木饰面板。

地面材料为瓷砖、地毯。

吊顶施工工艺流程：测量放线→轻钢龙骨安装→石膏板安装→腻子乳胶漆工程→验收。

客房顶面采用石膏板吊顶、白色乳胶漆饰面，因此顶面平整度是吊顶工程的难点。

墙面施工工艺流程：测量放线→基层清理→腻子基膜→木挂板基层制作→木挂板安装→瓷砖粘贴→壁纸粘贴→验收。

装饰局部

测量放线	根据图纸对现场的标高进行测量，校核误差，根据实际尺寸调整图纸，再将材质区域分割线及图纸上的轴线完成面、标高线弹到墙上。
基层清理	处理墙面起砂、起鼓的与建筑水泥砂浆基层。
腻子基膜	粉刷石膏找平，腻子 2 遍，打磨刷基膜。
木挂板基层制作	木龙骨基层防火处理，阻燃板安装调平。
木挂板安装	采用挂条法进行安装，挂条采用 ±45° 角，挂条横向或竖向与基层固定，挂条与挂板按与基层挂条相等尺寸与挂板背部固定，然后挂条再与挂板插接固定。
瓷砖粘贴	全瓷砖，背涂胶处理，采用专用石材胶黏剂，按图纸排模施工，不出现小于一半的瓷砖，空鼓率控制在 4% 以内。
壁纸粘贴	糯米胶，裁缝粘贴。
验收	瓷砖粘贴时一定要刮膏饱满，皮锤砸实。空鼓率控制在 4% 以内。 客房卫生间采用木纹饰面瓷砖，瓷砖是玻化砖，因此卫生间瓷砖的空鼓率是墙面施工的难点。

地面施工工艺流程：测量放线→水泥砂浆找平层→水泥自流平→地毯铺贴→瓷砖铺贴→验收。

测量放线	根据图纸对现场的标高进行测量，校核误差，根据实际尺寸调整图纸，再将材质区域分割线及图纸上的轴线完成面，标高线弹到墙上。
水泥砂浆找平层	基层清理干净，洒水，1 ： 2.5 水泥砂子加水搅拌均匀，搅拌成黏稠粥状。上杠刮平，在七八成干的时候再抹面找平。
水泥自流平	找平层干燥后涂刷界面剂，水泥自流平涂刷。
地毯铺贴	四周顶倒刺板，铺贴防潮垫，铺贴地毯，拉伸平直。

大床房

标准间

地面

酒店走廊

瓷 砖 粘 贴　基层清理，撒素水泥浆，搅拌 1 ：2.5 刚硬性灰，振实，刮膏，铺贴，调缝，勾缝。
验　　　收　“骑马缝”的缝隙要对直，误差控制在 1mm，大砖小砖的缝隙控制在 1mm。

客房门厅地面瓷砖分大小块，铺贴时缝隙大小均匀一致是地面铺贴的难点。

酒店走廊

吊顶材料为轻钢龙骨双层石膏板、腻子乳胶漆。

墙面材料为轻钢龙骨、双层石膏板、腻子、基膜、壁纸、木饰面板、消防暗门。

地面材料为水泥砂浆找平层、水泥自流平、地毯。

酒店电梯厅

吊顶材料为轻钢龙骨、防火石膏板、腻子乳胶漆饰面。

墙面材料为皮革硬包、木饰面板、玫瑰金色不锈钢。

地面材料为维纳斯大理石材。

顶面施工工艺流程：测量放线→轻钢龙骨体系安装→双层防火石膏板安装→腻子乳胶漆饰面→灯具安装→验收。

电梯厅顶面石膏板阳角较多，保证阳角的直线度是施工的难点。

贵宾厅

吊顶材料为轻钢龙骨、石膏板、乳胶漆、铜箔、木饰雕花。

墙面材料为刺绣壁布、木饰面板。

地面材料为羊毛地毯。

吊顶施工工艺流程：测量放线→轻钢龙骨体系→跌级石膏板造型→木饰雕花基层→腻子基膜基层→铜箔粘贴→木雕花安装→验收。

测量放线　根据图纸对现场的标高进行测量，校核误差，根据实际尺寸调整图纸，再将材质区域分割线及图纸上的轴线完成面、标高线弹到墙上。

轻钢龙骨体系　ϕ8 吊筋及吊挂，安装 50 主骨，编制 50 副骨，根据图纸及要求起拱、做跌级，最后加固调平。

跌级石膏板造型　根据贵宾厅尺寸进行材料切割，先上头一层石膏板，再上另一层石膏板，错峰安装，两层石膏板之间刷胶。自攻螺钉间距在 170mm 左右，石膏板接缝 2cm 左右。第二层板施工时留好 1cm 缝的距离，误差控制在 1cm。

木饰雕花基层　在轻钢龙骨上做防火阻燃板基层。

腻子基膜基层　严格按照点防锈漆→开缝、嵌实→贴绷带→粉刷石膏找平→两遍腻子→打磨→刷基膜的工艺进行。

铜箔粘贴　涂胶、粘贴铜箔。

木雕花安装　结构胶粘贴，气钉固定，修漆。

验收　按图纸尺寸划分出铜箔、乳胶漆、木雕花区域，各主材施工区域划分明显，无明显“大小头”现象，误差控制在 3mm 以内。

贵宾厅

贵宾厅

贵宾厅吊顶

墙面施工工艺流程：测量放线→壁布基层→木挂板基层→木挂板安装→壁布粘贴→验收。

测量放线	根据图纸对现场的标高进行测量，校核误差，根据实际尺寸调整图纸，再将材质区域分割线及图纸上的轴线完成面、标高线弹到墙上。
壁布基层	30mm×40mm 防火处理木龙骨，50 副龙骨，双层石膏板，腻子，基膜。
木挂板基层	30mm×40mm 防火处理木龙骨，防火阻燃板。
木挂板安装	采用挂条法，挂条侧面采用 ±45° 斜角边，挂条横向或竖向与基层固定，挂条与挂板按与基层挂条相等尺寸与挂板背部固定，然后挂条与挂板插接固定。
壁布粘贴	按墙面尺寸及来料规格进行裁料，糯米胶，裁缝粘贴。
验收	按同一规格尺寸同一裁料，先对好纹路再进行粘贴，以纹路错位 1m 以外的范围看不见为标准。

贵宾厅的墙面壁布带条纹，粘贴时纹路的一致是施工的难点。

大宴会厅前室

墙面材料为镀锌钢骨架、大理石材、玻璃窗花。

顶面材料为轻钢龙骨、双层石膏板、白色乳胶漆。

地面材料为水泥、砂子、米黄大理石材。

吊顶施工工艺流程：测量放线→轻钢龙骨体系安装→双层防火石膏板安装→腻子乳胶漆饰面→灯具安装→验收。

大跨度石膏板跌级吊顶，吊顶平整是取得整体效果的关键。

首层共享空间

顶面材料为成品木饰装饰件。

墙面材料为石材、成品 GRG 护栏。

地面材料为大理石台阶。

会议室

大宴会厅前室

宴会厅前室门窗细部装饰

中新天津生态城宝龙城幼儿园装修工程

项目地点

天津市中新天津生态城安民路

工程规模

总装修面积 2588.06m^2，工程造价 3601566 元

建设单位

天津生态城国有资产经营管理有限公司

承建单位

天津华惠安信装饰工程有限公司

开竣工时间

2017 年 5 ~ 7 月

幼儿园外观

设计特点

建筑主要功能及性质

项目位于天津市滨海新区中新生态城，总装修面积 2800 m^2，室内面积 2588.06 m^2，框架结构，主楼地上 3 层。从简洁、适用、环保、节约的角度考虑，优化使用功能与人流动线，提高使用效率。采用成熟、实用绿色、节能的装饰材料和工艺做法，结合严格的管理和精细的施工，为业主提交满意的工程，争创国家优质工程。

设计思想

当今的幼儿是未来现代化社会的主要力量，用现代的教育思想和现代的教育手段才能培养出符合现代化社会需求的人才。设置园网，以现代信息技术建构开放式的教育和管理模式，实现幼儿园、班级、家庭立体式的在线互动管理，切实增强教师的信息素养，确保教学质量，提高管理效率，为申报信息化实验园打好物质基础。

设计元素

根据幼儿好奇、好动、好模仿的特点，创造良好的生态环境，发挥境教的功能，有利于幼儿身心健康和谐发展。富有艺术的环境创设，可以培养幼儿欣赏美、感受美和创造美的能力，并能陶冶幼儿的情操。外观色彩设计上要突出鲜亮、活泼。室内色彩设计上，根据小班幼儿情绪不稳、易受环境影响的特点，以暖色调橙黄色为主与白色搭配；根据中班幼儿好奇、好动的特点，选择春意盎然的绿色为主与白色搭调；根据大班想象力比较丰富的特点，选择天蓝色与白色。

幼儿园是幼儿生活、学习的重要场所，安全问题是环境创设的首要因素。将露天室外内庭园搭建顶棚，地上铺置软胶垫，以便雨天孩子活动并防滑。将活动室全部铺设 PVC 地胶，方便孩子活动。将所有带棱角的地方做防护，以免孩子碰伤。将摆放大型玩具的地方种植草坪或铺置塑胶垫。幼儿园的环境创设应体现孩子的自主性。根据多元智能理论和孩子玩中学的特点，创设多元化的功能活动场所，以满足幼儿多元化发展的需求。利用露天室外内庭园搭建儿童表演台。提供各类专用活动场所，充分满足幼儿兴趣和个性需要，充分挖掘幼儿潜能，启迪幼儿智慧，让孩子在活动中体验，在活动中收获，在活动中成功。

大堂吊顶

功能空间

本工程共 1 栋楼，包括教室、共享大厅、走廊、配餐间、办公室、会议室、微机室、储藏室、厨房、儿童卫生间、成人卫生间的吊顶、墙面、地面、门等精装修工程及设备用房、粗加工间、员工更衣室等装饰装修工程及室内给水排水、强电等末端设备配合工程。

大堂

吊顶采用轻钢龙骨、石膏板，LED 节能筒灯、LED 灯带，环保乳胶漆饰面。

墙面采用轻钢龙骨、石膏板，并选用 20mm 厚白色镜面石材作为压板，楼层间采用氟炭喷涂护栏，楼梯扶手采用拉丝圆管扶手，墙面采用德国巴斯夫环保涂料。

地面铺设 PVC 防滑地胶，双色拼接，地胶表面作结晶处理。

吊顶施工工艺流程：测量放线→吊顶转换层安装→面层处理→设备安装→验收。

墙面与吊顶

测量放线 根据图纸对现场的轴线、标高、墙柱位置进行测量，校核误差，根据实际尺寸调整图纸，再将图纸上的轴线、完成面、标高线弹到墙面及柱面，并作好明确标记。

吊顶转换层安装 现场搭设满堂红脚手架，根据图纸放线排布钢材位置，吊杆采用40mm×40mm×4mm镀锌角铁作竖骨，40mm×80mm×4.5mm镀锌方通作横骨，严格控制吊杆间距，吊杆焊接在镀锌方通上，所有焊接全部采用四面满焊并涂刷防锈漆。

面层处理 对石膏板的连接部位填充嵌缝石膏并满铺网格布，批腻子、打磨，对表面进行处理，刷一遍乳胶漆，检查并进行修补，喷第二遍乳胶漆。

设备安装 清理吊顶内的灰尘、杂物，安装筒灯、灯带，进行灯光的调试和通电试运行。

验收 检查修补饰面乳胶漆。本工程石膏板吊顶表面平整度不大于3mm，接缝直线度不大于3mm，接缝高低差不大于1mm，乳胶漆涂刷均匀，从各角度看无刷痕、无开裂、无变形现象，验收合格后拆除脚手架。

纸面石膏板吊顶面积大、跨度大，顶棚的难点是防止开裂和控制涂料的光斑、刷痕。

大厅走道

室内墙面

活动室

地面 PVC 地胶施工工艺流程：基层处理→自流平施工→放线→ PVC 地胶安装→验收。

基层处理 墙面、顶棚及门窗等安装完成后，将地面杂物清扫干净，清除基层表面起砂、油污、遗留物等，清理干净地面尘土、砂粒，地面彻底清理干净后均匀辊涂一遍界面剂。

自流平施工 首先将自流平适量倒入容器中，按照产品说明将自流平稀释，在充分搅拌直至水泥自流平成流态物后，将其倒在施工地面，用耙齿刮板刮平，厚度为 2 ~ 3mm，施工完毕 4h 内不得行走和堆放物品。

放线 根据设计图纸、PVC 胶地板规格进行分格弹线定位，并在基层上弹出中心十字线或对角线，弹出拼花分块线。PVC 地胶地板铺贴前干排、预拼并进行编号。

PVC 地胶安装 先将地面基层用毛扫擦抹一遍，清洁灰尘，将胶黏剂用齿形刮板均匀涂刷在基层面上，将板材由里向外侧顺序铺贴，铺好后用辊筒加压密实，根据气温判断胶黏剂干洁情况进行板缝焊接，焊条采用与被焊板材成分相同的焊条，用热空气焊进行焊接，冷却后用铲刀将高于板面的多余焊条铲切平整，操作时应注意不铲伤地板。

验收 面层与下一层黏结应牢固，不翘边、不脱胶、无溢胶，板面层应表面洁净，图案清晰，色泽一致，接缝严密、美观，拼缝处的图案、花纹吻合，无胶痕；与墙边交接严密，阴阳角收边方正，板面的焊接应平整、光洁，无焦化变色、斑点、焊瘤和起鳞等缺陷，其凹凸允许偏差 ±0.6mm，焊缝的抗拉强度不得小于板材强度的 75%。

大厅地面由双色 PVC 地胶拼接，要整体测尺放线排模规划与周边的接缝位置，严格控制色差，以取得较好的观感。

儿童教室

吊顶采用轻钢龙骨、石膏板，LED 节能筒灯、LED 灯带，环保乳胶漆饰面。

墙面使用 30mm 宽成品木线条分格，墙面采用德国巴斯夫环保涂料。

地面铺设 PVC 防滑地胶，双色拼接，地胶表面作结晶处理。

吊顶施工工艺流程：测量放线→吊顶安装→面层处理→设备安装→验收。

测 量 放 线　根据图纸对现场的轴线、标高、墙柱位置进行测量，校核误差，根据实际尺寸调整图纸，再将图纸上的轴线、完成面、标高线弹到墙面及柱面，并做好明确标记。

吊 顶 安 装　吊杆采用 8mm 通丝吊杆，配 ϕ10 内膨胀螺栓，吊杆间距严格控制在规范以内，龙骨采用 50 系列上人龙骨，主龙骨间距 900 ~ 1000mm，次龙骨间距 450mm，云彩高差 300mm，使用防火阻燃板作基层，外侧封板使用双层 0.95mm 厚石膏板。

面层处理 对石膏板、石膏线的连接部位填充嵌缝石膏并满铺网格布，批腻子、打磨，对表面进行处理，刷一遍乳胶漆，检查并修补，喷第二遍乳胶漆。

设备安装 清理吊顶内的灰尘、杂物，安装筒灯、灯带，清理软膜吊顶表面的灰尘，安装软膜吊顶，进行灯光的调试和通电试运行。

验　　收 检查修补饰面乳胶漆。本工程石膏板吊顶表面平整度不大于 3mm，接缝直线度不大于 3mm，接缝高低差不大于 1mm，软膜吊顶灯带无光斑、无阴影、照度均匀，乳胶漆涂刷均匀，从各角度看无刷痕、无开裂、无变形现象，验收合格。

纸面石膏板吊顶的难点是防止开裂和控制涂料的光斑、刷痕。

儿童教室墙面双色喷涂，并严格控制色差，以取得较好的观感效果。

各种材质收边、收口、阴阳角处理得当，彰显现代工业化施工的高精准特色。

儿童教室

儿童教室一侧

教室细部

儿童卫生间

吊顶采用轻钢龙骨、石膏板，LED 节能筒灯、LED 灯带，环保防水乳胶漆饰面。

墙面采用 300mm×300mm 彩色瓷砖，阳角处使用 20mm×20mm 白色 PVC 扣条收口，瓷砖上方用 304 拉丝不锈钢作为盖板，墙面采用德国巴斯夫环保涂料。

地面铺设 300mm×300mm 灰色瓷砖，瓷砖之间填充黑色勾缝剂，瓷砖表面作洁净处理。

墙面施工工艺流程：测量放线→儿童手盆龙骨安装→排砖→浸砖→镶贴面砖→面砖勾缝及擦缝→安装石材板→面层处理→验收。

测量放线 根据图纸对现场的轴线、标高、墙柱位置进行测量，校核误差，根据实际尺寸调整图纸，再将图纸上的轴线、完成面、标高线弹到墙面及柱面，并作好明确标记。

儿童手盆龙骨安装 使用 50mm×50mm×25mm 镀锌角钢焊接，骨架间距 400mm，固定时水平角钢的一端与墙面埋件进行焊接，另一端与水平角钢的另一端进行拴接。焊口处进行清渣处理，并补刷两遍防锈漆。

排砖 根据大样图及墙面尺寸进行横竖向排砖，以保证砖缝隙均匀，符合设计图纸要求，注意大墙面要排整砖，同一墙面上的横竖排列不得有一行以上的非整砖。非整砖行应排在次要部位，如窗间墙或阴角处等，但也要注意一致和对称。如遇有突出的卡件，应用整砖套割吻合，不得用非整砖随意拼凑镶贴。

浸砖 釉面砖和外墙面砖镶贴前，首先要将面砖清扫干净，放入净水中浸泡 2h 以上，取出待表面晾干或擦干净后方可使用。

镶贴面砖 镶贴应自上而下进行，在最下一层砖下皮位置稳好靠尺，托住第一皮砖。在面砖外皮上口拉水平通线，作为镶贴的标准。在面砖背面宜采用 1 ：2 水泥砂浆镶贴，砂浆厚度为 6 ～ 10mm，贴上后用灰铲柄轻轻敲打，使之附线，再用钢片开刀调整竖缝，并用小杠通过标准点调整平面和垂直度。

卫生间细部收口

面砖勾缝及擦缝	面砖铺贴拉缝时，用 1 ：1 水泥砂浆勾缝，先勾水平缝再勾竖缝。勾好后要求凹进面砖外表面 2 ~ 3mm。若横竖缝为干挤缝，或小于 3mm，应用白水泥进行擦缝处理。面砖缝勾完后用布或绵丝蘸稀盐酸擦洗干净。
安装石材板	安装台面板时，应先将设计图与实物进行尺寸对照，准确无误后再根据开孔图在台面上画好开孔线，紧沿切割线切开台面，并打磨大理石台面板使其圆润、光滑，台面板安装之后便可开始大理石洗手盆安装。将大理石洗手盆放入切割好的台面板孔内，调整位置，沿着台盆边缘在台面上标好台盆轮廓。
面层处理	标好轮廓线之后取下台盆，安装洗手盆及所需的水龙头和去水器、儿童小便斗和蹲便器。等到玻璃胶完全干燥后，再连接进水管和排水管件。
验收	一切安装好之后，打开水龙头检查周围管道的进水口和出水口是否有渗漏问题。本工程墙面表面平整度不大于 3mm、垂直直线度不大于 3mm、接缝高低差不大于 1mm，从各角度看无开裂、无变形现象，验收合格。

墙面砖的品种、规格、颜色图案必须符合设计要求和现行行业标准规定，墙面砖镶贴必须牢固，严禁空鼓，无歪斜、缺棱、掉角和裂缝等缺陷。

二层音体教室

吊顶采用轻钢龙骨、石膏板，A 级软膜吊顶，LED 节能筒灯、LED 灯带，环保乳胶漆饰面。

音体教室镜面墙

音体教室吊顶

墙面采用轻钢龙骨、石膏板，并选用 20mm 厚白色镜面石材作为窗台板，东墙有 2500mm 高镜子，墙面采用德国巴斯夫环保涂料。

地面铺设 PVC 防滑地胶，双色拼接，地胶表面作结晶处理。

会议室

吊顶采用轻钢龙骨、600mm × 600mm × 14mm 矿棉板、600mm × 600mm 白板灯。

墙面采用德国巴斯夫环保涂料。

地面铺设 800mm × 800mm × 10mm 灰色瓷砖，瓷砖之间填充黑色勾缝剂，瓷砖表面作洁净处理。

矿棉板施工工艺流程：弹线→安装吊杆→安装主龙骨→安装次龙骨→隐蔽检查→安装矿棉板→验收。

弹　　线　根据矿棉板吊顶设计标高弹吊顶线，作为矿棉板吊顶安装的标准线，并以此检测室内净空是否满足设计要求。

安装吊杆　根据施工图纸要求确定吊杆位置。吊杆用直径为 8mm 的钢筋制作，顶棚吊点间距 900 ~ 1200mm。

安装主龙骨　安装主龙骨（采用 50 系列龙骨）时，应将主龙骨吊挂件连接在主龙骨上，拧紧螺钉，并根据要求吊顶起拱 1/200，随时检查龙骨平整度。房间主龙骨沿灯具长方向排布，注意避开灯具位置。

安装次龙骨　配套次龙骨一般选用烤漆 T 形龙骨，间距与板横向规格相同，将次龙骨通过挂件吊挂在大龙骨上。

采用 L 形边龙骨，与墙体用塑料胀管或自攻螺钉固定，间距为 200mm。

隐蔽检查　在水电安装、试水、打压完毕后，对龙骨进行隐蔽检查，待检查合格后方可进入下一道工序。

安装矿棉板　矿棉板的规格、厚度应根据具体的设计要求确定，一般为 600mm × 600mm × 15mm。安装矿棉板时，操作工人须戴白手套，以免造成污染。矿棉板选用认可的规格形式，明龙骨矿棉板则直接搭在 T 形烤漆龙骨上。

验　　收　本工程龙骨接缝平整、吻合、颜色一致，表面无损伤，矿棉板表面平整度不大于 3mm、接缝直线度不大于 3mm、接缝高低差不大于 2mm。

矿棉板吊顶要求表面整洁、平整、无污染。边缘切割整齐一致，无划伤，缺棱掉角。

楼梯细部

天津社会山民国风情商业街方案设计

项目地点

天津市西青区张家窝镇社会山商业街

工程规模

总面积 2.3 万 m^2，工程造价约 400 万元

设计施工单位

天津华惠安信装饰工程有限公司

开竣工时间

2017 年 8 月 25 日 ~ 12 月 20 日

社会效益与评价

民国风情主题创意区突破现有商业模式，打造独具民国风情的主题商业街，包括设计文化创意基地、民国主题博物馆、民国风情互动体验区、民国元素街区、旅游创意零售区等板块。

如上海新天地、北京三里屯等地一样，天津的民国风情街俨然天津的时尚新地标。民国风情街突出了时代性和戏剧性，风格统一，色块组织协调，得到了各界一致好评。

街巷实景

设计特点

以天津民国时期老商业街为借鉴，与周边现代建筑相融合，让顾客感受到浓郁的天津民国风情，取得古今交融、中西碰撞的戏剧效果。以民国故事为主线，采用蒙太奇的手法，打造从街到巷再到院的空间体验，以此拉动商业价值，刺激消费动机。

功能空间

街区中心

街区中心的十字，是人们必经的交汇点，应重点打造文化氛围和具有标志性的活动设施，吸引顾客驻留。重新塑造街心十字周边的局部立面。

设计理念

主街故事线以老旧机车站台构造。蒸汽机车装置具有强烈时代感和记忆情怀，能够直接触发人们与那个时代的对话，作为标志性设施的机车和月台也使街区具有强烈的抵达感。

突出反映现代古建筑的宏伟气魄，严整又开朗，整体布局和风格给人以庄重、大方的印象。

主要材料

地面采用青石板石材铺贴，外墙干挂 15mm 厚维拉石（红砖）饰面、干挂 30mm 厚法国白砂岩石材、墙面 15mm 厚 GRC 板及成品 GRC 宝瓶、3mm 厚铝单板装饰（表面氟碳喷涂），复古铁艺棋格门、窗系统、复古铁艺护栏、外檐涂料等。

安装工艺

· 地面青石板石材铺贴工艺做法

素土夯实，向外坡 3% ～ 5%（根据平面图坡度），30 ～ 150mm 厚粒径 10 ～ 40mm 卵石灌 M2.5

民国风情街内商铺

混合砂浆，20 ~ 60mm 厚 C15 混凝土，随打随抹平，素水泥浆一道（内掺建筑胶），30mm 厚 1 ：3 干硬性水泥砂浆黏结层，80mm 厚青石板铺面、正背面及四周涂防污剂、灌稀水泥浆擦缝。

· 外墙干挂 15mm 厚维拉石（红砖）施工工艺

基层处理，做好基体凿除处理工作。

距原建筑装饰 30mm 处布置钢龙骨，采用两个 M12 × 160 化学锚栓及两个 M12 × 110 膨胀螺栓对角放置，固定热镀锌后置埋件，埋板尺寸 280mm × 180mm × 8mm，采用 6mm 厚热镀锌连接弯板焊接于埋板上并与 120mm × 80mm × 4mm 热镀锌钢方通竖骨用上下两个 M12 × 130 不锈钢螺栓拴接固定，方通竖骨间距 900mm，内侧焊接∟50 × 5 镀锌角钢骨架，采用 M5.5 × 32 自攻螺钉将红砖与角钢骨架固定，完成后用同红砖材质粉剂将钉眼填平，表面擦拭清洁。

民国风情街内火车及月台

・干挂 30mm 厚法国白砂岩石材墙面

基层处理，做好基体凿除处理工作。

距原建筑装饰 30mm 处布置钢龙骨，采用两个 M12 × 160 化学锚栓及两个 M12 × 110 膨胀螺栓对角放置，固定热镀锌后置埋件，埋板尺寸 280mm × 180mm × 8mm 厚，采用 6mm 厚热镀锌连接弯板焊接于埋板上并与 120mm × 80mm × 4mm 热镀锌钢方通竖骨用上下两个 M12 × 130 不锈钢螺栓拴接固定，方通竖骨间距 900mm, 内侧焊接∟50 × 5 镀锌角钢骨架，采用石材专用不锈钢干挂件与背面石材背板固定并用 4mm 铜丝二次加固，干挂石材，30mm 厚法国白砂岩石材现场磨边、抽槽、倒角（阴阳角处理），手工打磨镜面无缝处理，完成后清洁、成品保护。

・GRC 墙板及成品 GRC 宝瓶

基层处理，做好基体凿除处理工作。

距原建筑装饰 30mm 处布置钢龙骨，采用两个 M12 × 160 化学锚栓及两个 M12 × 110 膨胀螺栓对角放置，固定热镀锌后置埋件，埋板尺寸 280mm × 180mm × 8mm 厚，采用 6mm 厚热镀锌连接弯板焊接于埋板上并与 120mm × 80mm × 4mm 热镀锌钢方通竖骨用上下两个 M12 × 130 不锈钢螺栓拴接固定，方通竖骨间距 900mm, 内侧焊接∟50 × 5 镀锌角钢骨架，采用 GRG 专用不锈钢干挂件； 安装 15mm 厚 GRG 板及檐口线条及宝瓶，接缝处嵌缝石膏填缝，贴绷带，GRC 面层满刮一遍粉刷石膏，干燥后满刮两遍腻子膏，打磨后刷两遍多乐士水性漆，表面做无缝处理，完成后清洁、成品保护。

3mm 厚铝单板装饰（表面氟碳喷涂）

基层处理，做好基体凿除处理工作。

距原建筑装饰 30mm 处布置钢龙骨，采用两个 M12 × 160 化学锚栓及两个 M12 × 110 膨胀螺栓对角放置，固定热镀锌后置埋件，埋板尺寸 280mm × 180mm × 8mm 厚，采用 6mm 厚热镀锌连接弯板焊接于埋板上并与 100mm × 50mm × 4mm 热镀锌钢方通竖骨用上下两个 M12 × 130 不锈钢螺栓拴接固定，方通竖骨间距 900mm, 内侧焊接 50mm × 50mm × 4mm 镀锌方通骨架，采用铝板连接角码固定 3mm 厚折弯铝板。

街巷

设计理念

巨型构造柱托起的透光顶棚给步行街提供了遮风挡雨的功能，使游客在任何情况下都能怡然自得地在民国街穿行游荡。步行街墙面整体以灰色调为主，目的是把视觉焦点留给多彩多姿的商铺、招牌、广告等商业元素。墨绿色漆面作为民国记忆的一抹色彩将人拉回到那个特定时代。

主要材料

陶土板墙面，复古铁艺棋格门、窗系统。

施工工艺

· 陶土板干挂墙面

基层处理，做好基体凿除处理工作。

距原建筑装饰 30mm 处布置钢龙骨，采用两个 M12 × 160 化学锚栓及两个 M12 × 110 膨胀螺栓对角放置，固定热镀锌后置埋件，埋板尺寸 280mm × 180mm × 8mm，采用 6mm 厚热镀锌连接弯板焊接于埋板上并与 120mm × 80mm × 4mm 热镀锌钢方通竖骨用上下两个 M12 × 130 不锈钢螺栓拴接固定，方通竖骨间距 900mm, 内侧焊接∟50 × 5 镀锌角钢骨架，采用铝合金挂接件与陶土板背板固定，干挂陶土板墙面，完成后清洁、成品保护。

工艺说明：陶板为中空结构，可以有效阻隔热传导，降低建筑空调能耗，节约能源。

风情街民国风情

民国主题街区

民国风情建筑及饰面

复古铁艺棋格门系统

本工程土建已完成墙体砌筑，或轻质隔墙洞口已按尺寸留出，安装方法如下：

门套、门扇均按洞口尺寸在专业工厂中加工、校准、喷漆。五金件的开孔、开槽预装均在工厂完成。

按设计尺寸在墙体门洞口顶部留门套上、下安装缺口。如土建未留缺口，应加密门框与墙面连接点，增多预设木砖，轻质墙体洞口应有钢制或木质加固框架，门套与框架连接。

安装时，检查预留洞口的尺寸、标高，找准门的开启方向，校准水平度和垂直度后固定在两侧木砖上，封堵头、缺口。

门套与洞口固定，调整完毕用聚氨酯发泡剂填充缝隙。门套安装加固后，即可安装扣入式贴脸线条。

施工要求：门框安装牢固，无印，框与墙的接触面应刷防腐涂料；门扇开关应灵活、稳定、无回弹与倒翘，铲槽应深浅一致，边缘整齐，小五金安装应位置正确、牢固；门的裁口顺直，刨面平整光滑；门表面无戗刨痕、毛刺、缺棱、掉角，门裁口、起线顺直、割角准确、拼缝严密、无胶迹。

戏剧化的舞台

设计理念

飞拱券、跑马灯、铁路灯、彩玻璃、老样子……戏剧化的照明、古拙简素的造型构筑出高品位的商业休闲空间，配以斑驳静谧的舞台化照明，以步行为特征，具有综合性、层次性，创造多元商业休闲文化，营造高雅的文化氛围、丰富的商业文化。

主要材料

复古铁艺护栏。

安装工艺

铁艺护栏根据设计图纸在加工厂家制作完成，产品到达施工现场后按图纸上所规定的位置及尺寸准确安装就位，确定好标高及垂直平衡度，按照甲方要求与图纸设计要求进行定位，确保达到设计要求与验收规范。

预埋件安装根据图纸设计要求和施工现场的实际情况准确定位，避免不在一条平行线上的情况。栏杆根据水平标准线抄水平定位安装，预埋间距根据设计要求定位。预埋件、铁艺栏杆安装必须牢固，安装偏差满足国家规定和设计要求，预埋件安装定位准确无误，经验收后刷两道防锈漆再进行铁艺栏杆安装。

楼梯及防护栏杆安装完成后，将连接部位打磨光滑，刷两道防锈漆，经验收后再作表面一致处理。

卫生间

设计理念

淡灰色瓷砖拼接简洁大方，凸显别样的素雅情怀，简洁大方，黑白灰的颜色运用再加上一点绿色，使得卫生间更显出一种时尚的气息。地面铺装和装饰的选材使得整个空间协调统一，在布局上给人延伸感，使得较小的空间能营造出整洁感。在内部利用一些复古单品进行装饰，与整体的设计风格进行呼应。卫生间遵循“以人为本”的设计理念，坐便器和扶手采用无障碍设计，满足特殊群体的生理需求。

主要材料

地面 600mm × 600mm 仿石材地砖、墙面 300mm × 300mm 仿石材瓷砖、米黄色瓷砖饰面、不锈钢镀铜装饰条、艺术涂料饰面。

安装工艺

· 施工要点及做法说明

基层处理　将楼地面上的砂浆污物、浮灰、落地灰等清理干净，以达到施工条件的要求，如表面有油污，应采用 10% 的火碱水刷净，并用清水及时将碱液冲去。考虑到装饰层与基层结合力，在正式施工前用少许清水湿润地面，用素水泥浆做结合层一道。

弹　　线　施工前在墙体四周弹出标高控制线（依据墙上的 50cm 控制线），在地面弹出十字线，以控制瓷砖分隔尺寸。找出面层的标高控制点，注意与各相关部位的标高控制一致。

预　　铺　首先应在图纸设计要求的基础上，对瓷砖的色彩、纹理、表面平整等进行严格的挑选，依据现场弹出的控制线和图纸要求进行预铺。对于预铺中出现的尺寸、色彩、纹理误差等进行调整、交换，直至达到最佳效果，按铺贴顺序堆放整齐备用，一般要求不能出现破损或者小于半块砖，尽量将半砖排到非正视面。

铺　　贴　瓷砖铺设采用 1 ： 4 或 1 ： 3 干硬性水泥砂浆粘贴（砂浆的干硬程度以手捏成团不松散为宜），砂浆厚度控制在 20 ~ 30mm。在干硬性水泥砂浆上撒素水泥，并洒适量清水。将瓷砖按照要求放在水泥砂浆上，用橡皮锤轻轻敲击瓷砖饰面直至密实平整达到要求；根据水平线用铝合金水平尺找平，铺完第一块后向两侧或后退方向顺序镶铺。砖缝无设计要求时一般为 1.5 ~ 3mm，铺装时要保证砖缝宽窄一致，纵横在一条线上。

勾　　缝　瓷砖铺完 24h 后进行勾缝，勾缝采用 1 ： 1 水泥砂浆，根据瓷砖的颜色调配勾缝砂浆的颜色，勾缝要饱满密实。

清　　理　当水泥浆凝固后再用棉纱等物对瓷砖表面进行清理（一般宜在 12h 之后）。清理完毕用锯末养护 2 ~ 3d，交叉作业较多时采用三合板或纸板保护。

成品保护　施工完的地面铺贴前，应做好成品保护，如门框要钉保护铁皮防止碰坏棱角，推车运输应采用窄车，车腿底端应用胶皮等包裹。严禁在已铺好的面砖地面上拌合砂浆。在已铺好的地面上工作防止砸碰损坏，严禁在上面任意丢扔物料等重物。涂料等施工时应对已铺好的地面进行保护，防止面层污染，一般采用塑料布、纸板或普通三合板等。

・地面瓷砖铺设质量要求

材料面层相邻块料间的高差不应超过 1.5mm。

块料之间行列（缝隙）对直线的偏差，在 5m 之内不可超过 2mm。

地漏等处的坡度符合设计要求，当无设计要求时可按照 0.5% 的坡度，要求不倒泛水，无积水，与地漏（管道）结合处严密牢固，无渗漏。

接缝平整均匀，高度一致，结合层牢固，出墙厚度适宜，基本一致。

各种面层邻接处的收边用料及尺寸符合设计要求和施工验收规范规定。边角整齐、光滑。

天津华惠安信建筑装饰设计研究院设计项目

项目地点

天津市河东区海河东路棉三创意产业园区 8 号

工程规模

原建筑共一层，总建筑面积约 1700m^2，工程造价约 300 万元

建设单位

天津华惠安信装饰工程有限公司

设计施工单位

天津华惠安信装饰工程有限公司

开竣工时间

2015 年 10 ~ 12 月

社会效益与评价

项目应用新的技术手段和人性化的办公设计理念和灵活的空间布局、高效的工作链，得到同业者及使用人员的高度评价。

天津华惠安信建筑装饰设计研究院外景

入口空间

设计特点

该建筑为天津棉纺三厂 20 世纪 20 年代遗留建筑之一，历史悠久，工业感强，具有鲜明的时代精神。项目在传承历史的同时，更为其带来新生力量。在保留具有历史价值工业厂房的同时，植入文化创意元素。奔放的工业遗迹，内敛的工业文化，全新的功能转换，现代的构筑手法，为这里带来更多全新的可能。

功能平面

框剪结构建筑，原建筑共一层，总建筑面积约 1700m^2，其中左侧空间 660m^2，中间 380m^2，右侧 660m^2。

内部空间主要分为三部分，在原建筑一层的基础上，局部搭建二层，增加空间功能复合化、多样化、趣味性与灵活性。其中左侧为办公区，钢结构搭建二层，中间为会议室，空间开敞通透，右侧为活动场所及展厅，另局部增加二层。

设计办公室的最大挑战是如何使空间特征融入使用空间，如确定独立房间和开放办公的比例、交流和私密空间的分布位置等，当然还要使空间营造和企业的精神吻合。

在设计中，将区域划分为盒子，形成半围合空间，成为员工讨论或休闲的地方。柱子和顶部保留原来素混凝土，这个空间既有过去的痕迹，同时也有新的元素。

以走廊为中轴线，设计多个出入口，空间便捷而具有趣味性。设计空间既有一定的领域感和私密性，又与大空间有沟通。

入口空间

设计理念

入口空间是办公类建筑的重要组成部分，入口空间的装修装饰是整个办公空间的第一张名片，它直接体现公司的经营属性、职能特征和形象。

尊重原始建筑的坡屋顶造型，运用木格栅形成的三维阵列，形成虚实变化弥补空间缺憾。顶部开窗，将自然光引入室内，天光洒进室内后在格栅阵列上形成斑驳的光影，丰富影调变化。整体墙面维持原有砖墙，仅采用白色乳胶漆饰面，保留肌理、提示历史感的同时提高室内照度，营造明亮的办公环境。

地面整体采用水磨石做法以营造工业感。

基本材料

吊顶主要材料：40mm × 100mm、40mm × 40mm、20mm × 50mm、12mm × 50mm 实木方，∟40 × 3 钢角码，贯穿螺钉等。

背景墙主要材料：2mm 厚锈板、18mm 厚阻燃基层板，40mm × 40mm × 2.5mm 镀锌方通等。

安装工艺

· 吊顶木格栅

吊顶的木格栅造型主要采用 40mm × 100mm 木方作为主梁，与主钢结构斜梁通过∟40 × 3 角钢角码连接，平行于斜梁下部吊装，角钢间距 800mm，由上下两排贯穿螺钉与木方固定。

吊顶木格栅

两个 40mm × 100mm 木方斜梁为一组，共分 7 组，均匀分布在整体空间中。每组木方斜梁下方有 9 组（4 根竖向 40mm × 40mm 木方为一组）竖梁，下皮高度与走道石膏板吊顶同一水平。

竖向的每组木方上部与斜梁采用贯穿螺栓固定，每组木方中间十字上下搭接，交错穿插 12mm × 50mm 与 20mm × 50mm 木方，分三排上下排布，竖向间距 400mm。63 组竖梁相互连接，形成三维阵列的整体造型。

竖向的木方和十字穿插的木方采用中国传统的榫接工艺，四根木方在内侧预留凹槽，安装时合拢，卡住下部穿入的 20mm × 50mm 木方，上部预留 13mm 空隙穿入 12mm × 50mm 的木方，上下搭接的木方也提前预留凹槽，相互插接、安装牢固。

内部装饰

· 主墙面饰板

主墙面采用 8 块 800mm × 3000mm × 2mm 锈板拼接组成。饰板加工复杂，对施工环境要求较高，因此都是在专业厂家加工制造成品，在施工现场仅将饰板安装到位。

使用 40mm × 40mm × 2.5mm 镀锌方通作为竖骨，间距 800mm，与建筑结构墙面及地面连接。基层采用 18mm 厚的阻燃基层板与方通竖骨固定，为了避免饰板变形，在饰板的两侧提前做好折边，基层板根据饰板尺寸断开 6mm，安装时将饰板背面刷满胶，整体扣入基层板，将折边插入预留的空隙处，安装后保证板面的平整并防止后期板边翘边脱落。

· 地面水磨石整体研磨工艺

打 60mm 或 80mm 厚 C15 混凝土基层，做素水泥浆结合层一遍，18mm 厚 1 ∶ 3 水泥砂浆找平，素水泥浆结合层一遍，最后用 12mm 厚 1 ∶ 2 水泥石子整体磨光。

办公走道

设计理念

走道整体以灰白色为主色调，局部点缀以纯色色块。圆筒造型丰富了视觉效果。走道局部配以反光饰面，利用倒影增强空间感，削弱通道狭窄的印象。新办公空间为开放式但结构清晰，空间透明度高，有利于营造员工之间的互动和协作氛围，让人感受到无处不在的团队精神。

主要材料

走道吊顶为原顶刷白色乳胶漆饰面；大面积墙面为轻钢龙骨石膏板隔墙，饰白色乳胶漆，下部为 4cm 高黑色钢板踢脚，局部墙面搭配黑色背漆玻璃及软木饰面。

圆筒造型墙面为轻钢龙骨骨架，双层 9mm 厚阻燃基层板基层做出圆形造型，双层 12mm 厚石膏板饰面刷橙色乳胶漆，下部为 4cm 高黑色钢板踢脚。

安装工艺

石膏板隔墙采用 100mm × 50mm × 0.6mm 轻钢龙骨，龙骨间距 600mm，横龙骨、竖龙骨与主体结构连接采用膨胀螺栓固定，螺栓间距 600mm；轻钢龙骨隔墙封双层 12mm 厚石膏板，面层为

开放办公空间

楼梯走道侧面

满刮三遍腻子，分遍找平，刷底漆一遍，面漆三遍。

软木墙面为 100mm × 50mm × 0.6mm 轻钢龙骨，龙骨间距 600mm，横龙骨、竖龙骨与主体结构连接采用膨胀螺栓固定，螺栓间距 600mm，轻钢龙骨隔墙封 18mm 阻燃基层板，8mm 厚软木与基层板胶粘固定，下部为 4cm 高黑色钢板踢脚。

楼梯

设计理念

钢制楼梯连接由钢结构搭接的二层空间，楼梯护栏摒弃烦琐的工艺，采用通透化处理以削弱饱胀感，为原本狭小的空间留白。楼梯底部设置陈列光源透过穿孔钢板，使楼梯显得轻盈。

主要材料

20 号槽钢、∟40 × 3 镀锌角钢、25mm 厚实木集成材、1.5mm 厚穿孔钢板。

安装工艺

钢制楼梯采用 20 号槽钢为主体结构，∟40 × 3 镀锌角钢作为踏步及平台的连接骨架形成整体钢结构

楼梯正面

楼梯，每个踏步由两个对焊的角钢上面铺设 25mm 厚的 L 形实木集成板构成，看面的尺寸正好遮挡住角钢的立边，最大限度地体现整体通透性。

楼梯扶手沿用实木集成材质，下部护栏由双面对焊的∟40×3 角钢框连接通透的 1.5mm 厚、直径 10mm 圆形梅花孔钢板饰面（孔距 20mm），整体楼梯扶手高度满足规范要求。

整体楼梯钢结构部分及护栏、角钢边框、穿孔钢板表面均喷涂白色氟碳漆材质。

楼梯的侧墙采用 50mm×100mm 的方通骨架焊接成整体框架，下部与地面埋板生根，上部与二层的护栏平台连接成一体，高度平齐，外部包裹白色穿孔钢板材质，既保证安全性，又形成贯穿整体的通透效果。

办公室间

设计理念

通过简约的手法强调个性，通过简洁的材料创造鲜亮的空间形式，保证功能性，追求时尚性。满足办公需求，体现装饰的现代与美感。

为表现建筑原有的空间感，办公空间吊顶和墙面选择仅作刷白色乳胶漆处理，并将所有机电管线整齐吊装排列，整体喷白，充分体现工业化风格。

结合建筑特点，将二层外檐窗下部延伸出通长的木饰面地台，整体出墙 950mm，既可供人闲暇之余坐在上面读书休息，又可以摆放各种书籍或绿植，解决靠外侧斜屋面较矮、空间利用率不高的问题。靠窗处木饰面地台同样采用 25mm 厚实木集成板现场加工，内部为 40mm×40mm×2.5mm 方通骨架焊接成框，排布间距 800mm。地面采用地胶材质，既降低噪声，又方便清洁打扫。

主要材料

25mm 厚实木集成板、40mm×40mm×2.5mm 镀锌方通、3mm 厚塑胶地板。

安装工艺

木饰面地台骨架主要采用 40mm×40mm×2.5mm 镀锌方通焊接成框，间距 600mm 均匀分布，骨架平台的上部铺设 18mm 厚水泥埃特板基层，上部采用 25mm 厚实木集成材板饰面。

办公空间

· 施工要点

基层应达到表面不起砂、不起皮、不起灰、不空鼓、无油渍。手摸无粗糙感。不符合要求的，应先处理地面。

弹出互相垂直的定位线，并依拼花图案预铺。

称量配胶：采用双组分胶黏剂时，要按配比组分准确称量，预先配制好待用。

基层与塑料地板背面同时涂胶，胶面不黏手时即可铺贴。

块材每贴一块，挤出余胶并及时用棉丝清理干净。

铺装完毕，要及时清理地板表面，使用水性胶黏剂时可用湿布擦净，使用溶剂型胶黏剂时，应用松节油或汽油擦除胶痕。

地板块在铺装前应进行脱脂、脱蜡处理。

查阅空间

资料查阅空间

设计理念

图书资料查阅空间离开敞办公区较近，吊顶、墙面及靠窗地台沿用办公空间做法，为了充分利用空间，将整体书柜与隔墙做为一体。地面采用深色复合木地板，与橙色的休闲沙发及书柜背板一起，衬托整体的安静休闲氛围。

主要材料

木饰面定制书柜、复合木地板。

安装工艺

基层处理：将基层上的砂浆、垃圾和杂物清扫干净。
复合木地板采用悬浮式安装，底层附带防水薄垫。
复合木地板依据设计的排列方向铺设，从铺贴的房间找出一个基准边统一带线，周边缝隙保留 8mm 左右，企口拼接时满涂特种防水胶，缝隙紧密后及时擦清余胶。不同地材收口处需要装收口条，拼装时不要锤击表面、企口，必须用垫木。

定制书柜的安装时需做到：造型、结构、安装位置、尺寸符合设计要求；框架垂直、水平；柜内洁净、表面砂磨光滑，不应有毛刺和锤印；无大面划痕、碰伤、缺棱等现象；书柜侧立板双层贴面板及线条收口，应粘贴平整牢固，不脱胶、边角不起翘；柜体拼块、镶贴应平整严密；柜体背板与墙体之间要作防潮处理，背板面刷光油，贴防潮棉。

活动空间

设计理念

活动和展厅空间是复合的空间，在这里，人们既可以运动舒缓心情，也可以休闲聊天，既可以讨论设计材料，也可以寻得一处移动办公的小角落。

主要材料

复古墙砖、素水泥及水泥罩光剂、水磨石地面、明装灯具、影音设备等。

粘贴复古墙砖的施工工艺

施工流程：清洁墙体基底→刷界面剂→聚合物砂浆（根据墙砖吸水率选择胶黏剂）→贴复古墙砖（嵌缝剂填缝、修正清理）。

活动空间

大会议室

施工前，应对进场的墙砖全部开箱检查，不同色泽的砖要分别码放，按操作工艺要求分层、分段、分补位使用材料。

墙砖应对质量、型号、规格、色泽进行挑选，边缘棱角整齐，不得缺损，表面不得有变色、起碱、污点、砂浆留痕和显著光泽受损处。

按设计要求采用横平竖直通缝式粘贴或错缝粘贴。质量检查时，要检查缝宽、缝直等内容。

多功能会议室

设计理念

多功能会议室是整个空间的变奏，风格应该更加轻松和不拘一格。

主要材料

大台阶采用 20 号槽钢、40mm × 80mm 钢方通、18mm 厚水泥埃特板基层、25mm 厚实木集成材板饰面、复古墙砖、移动阳光板高隔断门、明装灯具、影音设备等。

安装工艺

大台阶主钢结构采用 4 根 20 号槽钢为主体结构斜梁，与地面及靠墙钢结构立柱焊接牢固，斜梁内侧焊接 40mm × 80mm 方通骨架作为大台阶平台的骨架，间距 600mm 均匀分布，骨架平台的上部铺设 18mm 厚水泥埃特板基层，上部采用 25mm 厚实木集成材板饰面。

大会议室

设计理念

采用简洁明亮的手法，饰面较为精炼，加上顶部的自然采光，使空间开敞通透，给前来到访的客户一种明快舒适的印象。中间区域共有大小会议室 6 个，这里是各种头脑风暴对撞的场所，或开敞明亮，或轻松私密，高科技设备和能擦写的玻璃墙面实现了无纸化办公。

主要材料

软包墙面、复古墙砖、深灰色乳胶漆、明装灯具。

软包墙面的施工工艺流程：定位、弹线→套割衬板及钉木边框→试铺衬板→计算用料、套裁填充料和面料→粘贴填充料→包面料→安装。

要求：

软包工程所选用的面料、内衬材料、胶黏剂、细木工板、多层板等材料必须有出厂合格证和环保、消防性能检测报告，其防火等级必须达到设计要求。

软包面料、内衬材料及边框的材质、颜色、图案、燃烧性能等级和木材的含水率应符合设计要求及国家现行标准的有关规定。

软包工程的安装位置及构造做法应符合设计要求。

软包工程的龙骨、衬板、边框应安装牢固，无翘曲，拼缝应平直。

单块软包面料不应有接缝，四周应绷压严密。

图书在版编目（CIP）数据

中华人民共和国成立70周年建筑装饰行业献礼．华惠安信装饰精品／中国建筑装饰协会组织编写；天津华惠安信装饰工程有限公司编著．—北京：中国建筑工业出版社，2019.10

ISBN 978-7-112-24298-6

Ⅰ.①中… Ⅱ.①中… ②天… Ⅲ.①建筑装饰－建筑设计－天津－图集 Ⅳ.①TU238-64

中国版本图书馆CIP数据核字（2019）第213421号

责任编辑：王延兵　费海玲　张幼平
书籍设计：付金红　李永晶
责任校对：王　烨

中华人民共和国成立70周年建筑装饰行业献礼
华惠安信装饰精品
中国建筑装饰协会　组织编写
天津华惠安信装饰工程有限公司　编著

*

中国建筑工业出版社出版、发行（北京海淀三里河路9号）
各地新华书店、建筑书店经销
北京方舟正佳图文设计有限公司制版
北京雅昌艺术印刷有限公司印刷

*

开本：965毫米×1270毫米　1/16　印张：14½　字数：344千字
2020年12月第一版　2020年12月第一次印刷
定价：200.00元
ISBN 978-7-112-24298-6
（34111）